TERMODINÂMICA APLICADA
Introdução à Teoria dos Motores a Explosão

GIORGIO E. O. GIACAGLIA, WENDELL DE Q. LAMAS E CAIO P. GIACAGLIA

Catalogação na Publicação (CIP)
Ficha Catalográfica feita pelo autor

G429t Giacaglia, Giorgio Eugenio Oscare, 1935 -
      Termodinâmica aplicada: introdução à teoria dos motores a explosão / Giorgio Eugenio Oscare Giacaglia; Wendell de Queiróz Lamas; Caio Perez Giacaglia – Seattle, WA: CreateSpace, LLC., 2018.
      114 p.

ISBN: 9781719813983

  1.   Engenharia. 2. Termodinâmica. 3. Motores. I Título.

CDU 62.134.3(73)A536

Copyright © 2018 Giorgio Eugenio Oscare Giacaglia, Wendell de Queiróz Lamas e Caio Perez Giacaglia

All rights reserved.

ISBN: 9781719813983

DEDICATÓRIA

Para minha amada esposa Solange e meus queridos filhos Marcelo, Rogério, Luciano, Maria Cecília, Caio, Enzo e Nicholas.

Giorgio

Ao meu avô, Alceu (*in memoriam*), à minha mãe, Bernadete (*in memoriam*), e ao meu pai, Hélio, que sempre me incentivaram a estudar e a alcançar meus objetivos.
A Daiana, minha esposa e companheira, que, sempre a meu lado, tornou mais esta jornada possível.

Wendell

CONTEÚDO

	Agradecimentos	i
	Introdução	iii
1	Conceitos Básicos de Termodinâmica	5
2	Noções sobre Combustão	13
3	Sistemas de Propulsão do Veículo: Requisitos de um Motor para Aplicação Veicular	21
4	Sistemas de Propulsão do Veículo: Alternativas para Motor Veicular	23
5	Sistemas de Propulsão do Veículo: Princípios de Operação de um Motor de Combustão Interna Alternativo	33
6	Sistemas de Propulsão do Veículo: Análise Termodinâmica dos Ciclos Motores	43
7	Sistemas de Propulsão do Veículo: Parâmetros de Desempenho de Motores	71
8	Sistemas de Propulsão do Veículo: Emprego de Combustíveis Alternativos	93
	Bibliografia	103

AGRADECIMENTOS

Ao amigo e "pai científico", Giorgio que sempre acreditou em mim e me incentivou a transpor desafios cada vez maiores.
Aos amigos que sempre confiaram e incentivaram meu trabalho: embora não estejam mencionados nominalmente, eles nunca serão esquecidos.

Wendell

INTRODUÇÃO

O material aqui coletado não tem a pretensão de esgotar o assunto e nem ser considerado a fonte de tecnologia mais avançada em projeto de veículos. Não é de se esperar que o assunto em tela possa ser coberto por um único tratado.

O desejo dos autores é estabelecer as bases necessárias para um projetista ter um ponto de partida no desdobramento de novos avanços tecnológicos advindos após os anos em que tal curso foi ministrado.

O livro trata de princípios básicos de termodinâmica e uma introdução à teoria de motores de combustão interna do veículo.

1 CONCEITOS BÁSICOS DE TERMODINÂMICA

Esta revisão tem como objetivo apresentar os conhecimentos básicos de termodinâmica necessários para o estudo dos ciclos padrão a ar e a combustível-ar.

1.1. Definição de Gás Perfeito
Gás perfeito ou ideal é aquele que obedece a Equação (1.1).

$$pV = NRT \qquad (1.1)$$

onde
p é a pressão a que está submetido o gás;
V é o volume ocupado pelo gás;
T é a temperatura do gás;
N é o número de moles do gás;
R é a constante universal dos gases.
BTU/°R mol. 1b
1.545,43 ft lbf / °R mol – lb

É comum admitir que um gás perfeito além de obedecer a Equação (1.1) tenha calores específicos constantes.

A partir da Equação (1.1) pode-se chegar a uma série de relações válidas para um gás perfeito.

a – Considerando-se uma quantidade fixa de gás evoluindo entre dois estados, 1 e 2, tem-se:

$$\frac{p_1 V_1}{T_1} = \frac{p_2 V_2}{T_2},$$

b – Para um determinado gás vale:

$$\frac{pV}{T} = NR = \frac{m}{M}R = mR',$$

onde:
m é a massa do gás;
M é o peso molecular do gás;
R' é uma constante individual do gás.
De outra forma, tem-se:

$$\frac{pV}{m} = R'T \quad \therefore \quad pv = R'T,$$

onde
v é o volume específico do gás.

1.2. Energia Interna e Entalpia de Gás Perfeito

De acordo com a definição de calores específicos a volume constante e a pressão constante tem-se:

$$c_v = \left(\frac{\partial u}{\partial T}\right)_v = cte, \qquad (1.2)$$

onde
c_v é o calor específico a volume constante;
u é a energia interna da substância.

e

$$c_p = \left(\frac{\partial h}{\partial T}\right)_p = cte. \qquad (1.3)$$

onde
c_p é o calor específico a pressão constante;
h é a entalpia específica da substância.

Pode-se mostrar, entretanto, que para um gás perfeito a energia interna e a entalpia são funções exclusivamente da temperatura, ou seja:

$$u = f_u(T),$$
$$h = f_h(T).$$

Segue-se, portanto, que para um gás perfeito uma isotérmica é também uma linha de energia interna constante e também de entalpia constante.

Assim, (1.2) e (1.3) podem ser escritas de outra forma:

$$c_v = \frac{du}{dT} \quad \therefore \quad du = c_v \cdot dT,$$

$$c_p = \frac{dh}{dT} \quad \therefore \quad dh = c_p \cdot dT.$$

Como foi admitido que, para gases perfeitos, os calores específicos são constantes, pode-se escrever para uma transformação a volume constante a seguinte equação:

$$u_2 - u_1 = c_v (T_2 - T_1)$$

e para uma transformação a pressão constante:

$$h_2 - h_1 = c_p (T_2 - T_1).$$

A partir da definição de entalpia específica:

$$h = u + p \cdot v$$

pode-se deduzir uma relação entre os calores específicos de um gás perfeito.

$$c_p = \frac{dh}{dT} = \frac{d(u+pv)}{dT} = \frac{du}{dT} + \frac{d(pv)}{dT}.$$

Mas $\dfrac{du}{dT} = c_v$.

Então, $\dfrac{d(pv)}{dT} = R'$, pois $pv = R'T$.

Assim: $c_p = c_v + R'$ ou $c_p - c_v = R'$.

A expressão acima é conhecida como relação de Mayer. Considerando os calores específicos molares, tem-se:

$$c_p - c_v = R.$$

1.3. Processo Adiabático Reversível de um Gás Perfeito

Partindo de uma relação geral, válida para processos reversíveis de uma substância pura pode-se escrever:

$$Tds = du + pdv$$

onde
s é a entropia específica do gás.

Considerando que este processo reversível é adiabático, então ele é isoentrópico.

Portanto,

$$du + c_v dT$$

e

$$dT = d\left(\frac{pv}{R'}\right) = \frac{1}{R'}(vdp+pdv) = \frac{1}{c_p - c_v}(vdp + pdv) \qquad (1.4)$$

Voltando em (1.4):

$$\frac{c_v}{c_p - c_v}(vdp + pdv) + pdv = 0$$

onde:

$$c_v vdp + c_p pdv = 0$$

ou

$$\frac{c_p}{c_v}\frac{dv}{v} + \frac{dp}{p} = 0 \qquad (1.5)$$

Como a relação entre os calores específicos (**c$_p$** e **c$_v$**) dos gases perfeitos é uma constante $\frac{c_p}{c_v} = K$, obtêm-se a partir da integração de (1.5):

$$pv^K = cte$$

TERMODINÂMICA APLICADA

Para uma quantidade fixa de gás tem-se:

$$\frac{p_1}{p_2} = \left(\frac{V_2}{V_1}\right)^K \qquad (1.6)$$

Pode-se expressar de outras formas essa transformação. Assim, partindo de:

$$\frac{p_1 V_1}{T_1} = \frac{p_2 V_2}{T_2}$$

pode-se escrever:

$$\frac{T_2}{T_1} = \frac{V_2}{V_1} \cdot \frac{p_2}{p_1} = \frac{V_2}{V_1} \cdot \left(\frac{V_1}{V_2}\right)^K,$$

ou seja,

$$\frac{T_2}{T_1} = \frac{V_2}{V_1} \cdot \frac{p_2}{p_1} = \frac{V_2}{V_1} \cdot \left(\frac{V_1}{V_2}\right)^{K-1} \qquad (1.7)$$

$$\frac{T_2}{T_1} = \frac{V_2}{V_1} \cdot \frac{p_2}{p_1} = \left(\frac{p_1}{p_2}\right)^{1/K} \cdot \frac{p_2}{p_1},$$

ou seja,

$$\frac{T_2}{T_1} = \left(\frac{p_2}{p_1}\right)^{\frac{K}{K-1}}. \qquad (1.8)$$

1.4. Entropia de um Gás Perfeito

A variação de um gás perfeito pode ser deduzida a partir da relação:

$$Tds = du + pdv$$

válida para uma substância simples.
Assim:

$$ds = \frac{du}{T} + \frac{pdv}{T} = c_v \frac{dT}{T} + \frac{pdv}{T}$$

$$ds = c_v \frac{dT}{T} + R'\frac{dv}{v} \qquad (1.9)$$

ou

$$ds = \frac{c_v d\left(\frac{pv}{R'}\right)}{\frac{pv}{R'}} + R'\frac{dv}{v} = c_v \frac{vdp}{pv} + c_p \frac{pdv}{pv} + R'\frac{dv}{v}$$

$$ds = c_v \frac{dp}{p} + c_p \frac{dv}{v} = c_v \frac{dp}{p} + \frac{c_p}{v}\left[\frac{-vdp + R'dT}{p}\right]$$

$$ds = c_p \frac{dT}{T} - R'\frac{dp}{p} \qquad (1.10)$$

As Equações (1.9) e (1.10) podem ser colocados em formas integrais:

$$\Delta s = c_v \int \frac{dT}{T} + R' \int \frac{dv}{v}$$

$$\Delta s = c_p \int \frac{dT}{T} + R' \int \frac{dp}{p}$$

Para um mol de gás tem-se:

$$\Delta s = c_v \int \frac{dT}{T} + R' \int \frac{dv}{v}$$

$$\Delta s = c_p \int \frac{dT}{T} + R' \int \frac{dp}{p}$$

1.5 – Transformações a Pressão Constante e a Volume Constante
De acordo com a primeira lei da termodinâmica pode-se escrever para uma transformação genérica de um gás perfeito:

$$\delta Q = \delta W + dU$$

onde
Q é o calor trocado; e
W o trabalho executado.

Para processo reversível com deslocamento de fronteira tem-se:

$$_1W_2 = \int_1^2 pdV$$

Se o processo é a pressão constante, resulta:

$$_1W_2 = p\int_1^2 dV = p(v_2 - v_1)$$

Assim:

$$_1Q_2 = p(v_2 - v_1) + U_2 - U_1$$

$$_1Q_2 = H_2 - H_1 \qquad (1.11)$$

se o processo é a volume constante:

$$_1W_2 = 0$$

Então:

$$_1Q_2 = U_2 - U_1 \qquad (1.12)$$

2 NOÇÕES BÁSICAS SOBRE COMBUSTÃO

Para a compreensão do ciclo combustível-ar é necessário certo conhecimento sobre o processo de combustão. Embora sem a preocupação de tratar este assunto com profundidade, serão apresentadas aqui as noções básicas sobre o fenômeno.

O processo de combustão é regido por três equações: conservação de massa, conservação da energia e equilíbrio químico. A aplicação simultânea das referidas equações permite determinar a composição final e o estado dos produtos da combustão.

2.1. Combustão – Equação de Reação

Chama-se combustão a reação química entre oxigênio e qualquer combustível, que resulta na liberação de energia química.

Praticamente, todo combustível utilizado em um motor de combustão interna é um hidrobicarboneto (C_nH_m). a reação química se dá entre o combustível e o oxigênio do ar. Admitindo-se que o processo de combustão seja completo (oxidação total do combustível) tem-se a seguinte expressão para o processo:

$$C_nH_m + xO_2 + yN_2 \to nCO_2 + \frac{m}{2}H_2O + yN_2.$$

A expressão acima chama-se equação da reação. E os coeficientes desconhecidos na equação são calculados impondo-se a conservação de massa. Dessa forma, calcula-se o coeficiente **x**. Observe-se que o nitrogênio não tem parte na reação, e o coeficiente **y** é determinado através das relações entre as porcentagens de oxigênio e nitrogênio no ar. O ar é constituído de diversos outros gases em proporções bem menores, mas para o presente objetivo pode-se fixar a composição do ar em 21 % de oxigênio e 79 % de nitrogênio. Assim, tem-se $y = 3,76x$.

A expressão de reação fica:

$$C_nH_m + \left(n + \frac{m}{4}\right)O_2 + 3,76\left(n + \frac{m}{4}\right)N_2 \rightarrow nCO_2 + \frac{m}{2}H_2O + 3,76\left(n + \frac{m}{4}\right)N_2$$

Esta equação representa o processo de combustão completa quando se emprega a quantidade necessária (estequiométrica) de ar. É interessante esclarecer que as reações que ocorrem em um motor de combustão interna nem sempre resultam em combustão completa, e muitas vezes trabalha-se com excesso ou mesmo deficiência de ar. O excesso de ar aumenta a possibilidade de uma combustão completa que a deficiência de ar conduziria a uma combustão incompleta. Diz-se que a combustão é incompleta quando o combustível não é totalmente oxidado existindo entre os produtos de combustão substâncias que seriam passíveis de oxidação. Isto não ocorre a quando a combustão é completa.

2.2. Equação da Energia

No tratamento termodinâmico do processo de combustão, considera-se apenas os estados extremos. Para estabelecer o estado final, a partir de um determinado estado inicial, é preciso impor conforme mencionado, a conservação de massa, a conservação de energia e admitir que haja equilíbrio químico.

Aplicando-se a equação da energia ao processo de combustão tem-se:

$$U_m + C_m = U_{pr} + C_{pr} + Q_{rj} + W \tag{2.1}$$

onde:
C é a energia química;
Q_{rj} é o calor liberado durante o processo;
W é o trabalho realizado;
U é a energia interna;
e os índices **m** e **pr** representam mistura (reagentes) e produtos de combustão, respectivamente.

2.2.1. Combustão completa

Se a combustão for completa significa que o combustível foi totalmente oxidado. Admite-se que a energia química seja nula para as substâncias que não possam ser oxidadas. Assim por exemplo, H_2O e CO_2 teriam energia química nula. Admita-se, adicionalmente que O_2 e N_2 tem energia química nula. Esses valores de energia química são valores relativos e devem ser usados em conjunto com tabelas de valores de energia interna ou entalpia, de onde eles são calculados. De acordo com esse raciocínio, tem-se:

$$E = U + C$$

onde:
E é a energia interna total;
U é a energia interna (sensível);
C é a energia química.

Portanto, se a combustão for completa, a energia química dos produtos é nula e, então, de (2.1) resulta:

$$U_m + C_m = U_{pr} + Q_{rj} + W \qquad (2.2)$$

2.2.2. Combustão a volume constante
Se a combustão for realizada a volume constante o trabalho realizado é nulo. Assim, para uma combustão completa realizada em um recipiente de paredes fixas, a equação de energia para o processo é:

$$U_m + C_m = U_{pr} + Q_{rj} \qquad (2.3)$$

A Equação (2.3) pode ser utilizada para a determinação da energia química de um combustível, Assim se está equação for aplicada ao processo de combustão em um calorímetro de volume constante, determina-se a energia química do combustível e também o seu poder calorífico.

A energia química é referida normalmente a temperatura ambiente (25 °C), e para seu cálculo, é necessário que tanto o combustível quanto os produtos de combustão estejam no estado gasoso, pois, as tabelas de energia se baseiam no estado gasoso das substâncias. Assim, se for conhecido o poder calorífico inferior a esta temperatura, 25 °C, (com o combustível no estado gasoso), tem-se:

$$C_f = \left[U_{pr} - \left(U_{ar} + U_f \right) \right]_{25°C} + m_f Q_v \qquad (2.4)$$

onde
o índice **f** indica o combustível;
m_f é a massa de combustível;
Q_v é o poder calorífico inferior do combustível.

Entretanto, nas condições de ensaio tanto o combustível quanto o H_2O dos produtos estão em estado líquido, de modo que para calcular a energia química tem-se:

$$C_f = \left[U_{pr} - \left(U_{ar} + U_f\right)\right]_{25°C} + m_f Q_{vs} + m_f \left(H_{lg}\right)_f - m_{H_2O}\left(H_{lg}\right)_{H_2O} \qquad (2.5)$$

onde
H_{lg} é a entalpia de vaporização;
Q_{vs} é o poder calorífico superior do combustível.

As expressões (2.4) e (2.5) permitem o cálculo da energia química do combustível.

2.2.3. Combustão a pressão constante

Se a combustão for realizada em um recipiente com paredes móveis de modo que a pressão permaneça constante durante o processo já, então, um trabalho executado. À equação da energia para o processo, admitindo que a combustão seja completa, é:

$$U_m + C_m = U_{pr} + Q_{rj} + W$$

onde

$$W = p\left(V_{pr} + V_m\right)$$

em que:
p é a pressão que existe no recipiente durante o processo;
V_{pr} é o volume ocupado pelos produtos ao final da combustão;
V_m é o volume ocupado pela mistura no início da combustão.

Portanto, tem-se:

$$U_m + C_m + pV_m = U_{pr} + pV_{pr} + Q_{rj}$$

ou

$$H_m + C_m = H_{pr} + Q_{rj} \qquad (2.6)$$

2.2.4. Temperatura teórica de combustão

A máxima temperatura para o processo de combustão será atingida quando a combustão for completa e não houver rejeição de calor. Nessas condições, para uma reação a volume constante vale a equação:

$$\left[C_m + U_m\right]_{T_1} = \left[U_{pr}\right]_{T_2} \qquad (2.7)$$

em que T_1 e T_2 representam as temperaturas das misturas e dos produtos, respectivamente.

Conhecida a temperatura T_1 estão definidos C_m e U_m; logo pode-se determinar U_{pr} e em função deste valor obter T_2.

2.3. Equilíbrio Químico

Quando duas ou mais substâncias reagem quimicamente entre si, a reação não se processa obrigatoriamente até o ponto em que uma das substâncias seja consumida completamente. Antes que isto ocorra, pode atingir, uma condição de equilíbrio em que coexistam não somente produtos de reação, mas também as substâncias reagentes, e, em muitos compostos intermediários. As proporções dos diversos constituintes na condição de equilíbrio dependem das proporções dos reagentes e das condições de pressão e temperatura no fim da reação e são determinadas pela constante de equilíbrio K_p que é função da temperatura.

Considere uma reação genérica entre duas substâncias **A** e **B** resultando nos produtos **C** e **D**.

$$A + B \rightarrow C + D \tag{2.8}$$

Na realidade o processo que ocorre é melhor representado pela equação:

$$A + B \rightleftharpoons C + D \rightleftharpoons \alpha A + \beta B + \gamma C + \delta D \tag{2.9}$$

indicando que a reação é reversível, e o que coexiste no estado final as substâncias reagentes **A** e **B** e os produtos **C** e **D** em proporções indicadas pelos coeficientes α, β, γ e δ.

A constante de equilíbrio químico para o processo é expressa por:

$$K_p = \frac{(pp_\alpha)^\alpha \cdot (pp_\beta)^\beta}{(ppC)^\gamma \cdot (ppD)^\delta} \tag{2.10}$$

onde **pp** indica a pressão parcial de cada componente no estado final. Convém observar que as pressões parciais podem ser expressas em função da pressão total e do número de moles dos componentes. Assim, por exemplo:

$$ppA = \frac{\alpha}{\alpha + \beta + \gamma + \delta} p$$

em que α é o número de moles da substância (gás), $\dfrac{\alpha}{\alpha+\beta+\gamma+\delta}$, é o número total de moles da mistura e p é a pressão total.

2.3.1. Dissociação

As temperaturas máximas atingidas em processos de combustão são consideravelmente mais baixas que aquelas calculadas para combustão completa, devido à dissociação dos produtos de combustão. Em altas temperaturas ocorre uma dissociação apreciável, acompanhada por uma absorção de energia interna que é convertida em energia química; assim, os produtos dissociados têm energia química associada a eles.

Combustíveis hidrocarbonados dão como produtos de reação CO_2 e H_2O além de N_2 quando se faz a combustão em razão estequiométrica com o oxigênio do ar, A dissociação resulta na formação de CO, H_2 e O_2 de acordo com as reações

$$CO_2 \rightleftharpoons 2CO + O_2 \qquad (2.11)$$

$$2H_2O \rightleftharpoons 2H_2 + O_2 \qquad (2.12)$$

Além destes, outros constituintes podem aparecer, como N, O, OH, NO e C.

Para facilitar a explicação, considere-se como exemplo um caso mais simples: reação de monóxido de carbono como oxigênio.

$$2CO + O_2 \rightleftharpoons 2CO_2 \rightleftharpoons 2xCO + 2(1-x)CO_2 + xO_2 \qquad (2.13)$$

em que x representa a fração de dissociação. O valor de x é determinada impondo que haja equilíbrio químico perfeito entre os diversos constituintes dos produtos.

Se a equação de equilíbrio químico (2.10) for aplicada a reação indicada por (2.13) tem-se:

$$\left(K_p\right)_{2CO_2} = \frac{(pp\,CO)^2 \cdot (pp\,O_2)}{(pp\,CO_2)^2} \qquad (2.14)$$

Substituindo a pressão parcial de cada componente em função do número de moles, como por exemplo:

$$ppCO = \frac{N_{CO}}{N_t}P = \frac{2x}{2+x}P$$

em que
N_{CO} é o número de moles de CO;
N_t é o número total de moles dos produtos, resulta na Equação (2.15).

$$\left(K_p\right)_{CO_2} = \frac{\left[\left(\frac{2x}{2+x}\right)P\right]^2 \cdot \left(\frac{x}{2+x}P\right)}{\left\{\left[\frac{2(1-x)}{2+x}\right]P\right\}^2} \quad (2.15)$$

A expressão acima é uma equação em x; conhecido o valor de K_p que é função de temperatura pode-se determinar **x** analiticamente.

Para a reação de H_2 com O_2 tem-se:

$$2H_2 + O_2 \rightleftharpoons 2H_2O \rightleftharpoons 2yH_2 + 2(1-y)H_2O + yO_2$$

$$\left(K_p\right)_{H_2O} = \frac{\left(pp\,H_2\right)^2 \cdot \left(pp\,O_2\right)}{\left(pp\,H_2O\right)^2}$$

$$= \frac{\left[\left(\frac{2y}{2+y}\right)P\right]^2 \cdot \left(\frac{y}{2+y}P\right)}{\left\{\left[\frac{2(1-y)}{2+y}\right]P\right\}^2} \quad (2.16)$$

Analogamente, obtém-se uma equação para determinação de y. No caso que o combustível é um hidrocarboneto haveria, desprezando quaisquer outros dissociações e combinações, duas equações de equilíbrio químico.

2.3.2. Temperatura de equilíbrio químico

A análise dos produtos de combustão de CO (ou H_2) com O_2 tem duas incógnitas. Uma é a fração de dissociação **x** (ou **y**) e a outra é a temperatura do equilíbrio. A equação de equilíbrio fornece uma relação entre **T** e **x** (ou **y**) e a equação da energia fornece a outra. Para a reação de CO com O_2 a equação seria:

$$\left[2C_{CO} + 2U_{CO} + 2U_{O_2}\right]T_1 =$$
$$= 2xC_{CO} + \left[2xU_{CO} + 2(1-x)U_{CO_2} + xU_{O_2}\right]T_2 + Q_{rj} + W \qquad (2.17)$$

onde **U** e **C** são energias por mol.

A resolução simultânea das duas Equações (2.15) e (2.17) requer um processo de tentativa e erro.

Para o caso da reação de um hidrocarboneto com O_2, desprezando outras dissociações, resultam três incógnitas **x**, **y** e **T_2** que são determinadas através das duas equações de equilíbrio e da equação da energia. O processo de resolução por iteração seria para este caso bem trabalhoso. Mesmo assim, os resultados obtidos por esta análise não correspondem ás observações realizadas. As temperaturas resultam medidas são inferiores àquelas calculadas mediante esta análise. Isto indica que a simplificação feita, admitir dissociação apenas CO_2 e H_2O, não é válida, devem ser consideradas também as dissociações de H_2, O_2, e também a formação de OH na dissociação de H_2, e a reação de N_2 e O_2.

2.3.3. Diagrama de equilíbrio químicos para combustão

Os produtos da combustão de um hidrocarboneto com ar consistem de CO_2, H_2O, CI, O_2, N_2, OH, NO, H e O. A determinação analítica da quantidade de cada componente, bem como da temperatura final da reação, seria um processo extremamente trabalhoso. Entretanto, existem diagramas de combustão que permitem determinar as propriedades **P, V, T, S, U** e **C**, do final de combustão, sem necessidade de se conhecer a composição dos produtos.

Estes diagramas foram desenvolvidos mediante o procedimento enunciado anteriormente, resolução de um sistema de equação pelo método de tentativas, e valem para um dado combustível e uma certa razão combustível-ar. Entretanto, pode-se utilizar sem muito erro esses diagramas para outros combustíveis e para razões combustível-ar próximas das indicadas no diagrama.

Os diagramas de combustão se referem sempre a uma quantidade fixa de ar (1b, g) com a correspondente quantidade de combustível, que constitui a unidade de massa do diagrama.

O cálculo dos processos dos ciclos combustível-ar requer a utilização, desses diagramas de combustão.

3 SISTEMAS DE PROPULSÃO DO VEÍCULO
Requisitos de um Motor para Aplicação Veicular

Em qualquer aplicação o motor deve ser analisado sob o ponto de vista de instalação. Desta forma, o projetista de veículos, para definir completamente a instalação propulsora, deve de preocupar com os seguintes aspectos:
- Desempenho do motor;
- Tipo de combustível e consumo específico;
- Sistema de admissão;
- Escapamento;
- Sistema de refrigeração (arrefecimento);
- Montagem do motor na estrutura.

Este trabalho se limita a discutir, essencialmente, o desempenho do motor condicionado às exigências do veículo. Entretanto, ao final do livro, no Capítulo 8, é apresentada uma seção sobre emprego de combustíveis alternativos. É incluída ainda uma bibliografia que fornece ao leitor referências a respeito dos outros itens.

Para a propulsão de veículos é desejável que um motor apresente as seguintes características de desempenho:
- Potência constante na faixa de rotação em que o motor é utilizado;
- Conjugado mais elevado na faixa de baixas rotações; esta característica se faz necessária na subida de rampas com grande aclive e para conseguir uma aceleração satisfatória na partida.

A Figura 3.1 mostra as curvas das características desejáveis de potência e conjugado para um motor de uso veicular; no caso do conjugado a curva apresentada é uma hipérbole.

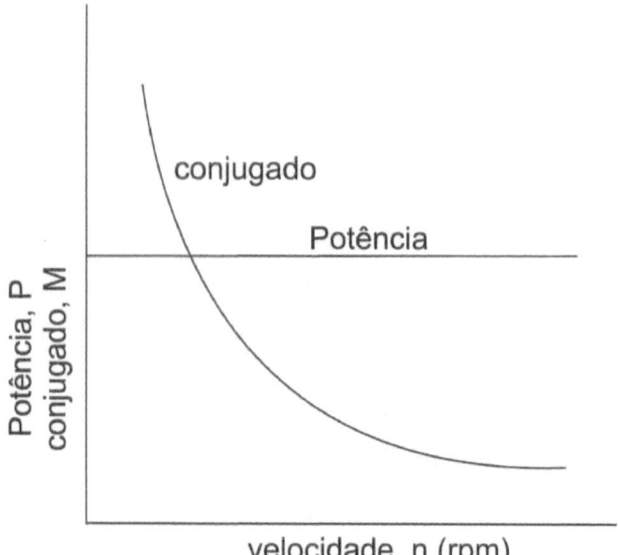
Figura 3.1. Curvas características requeridas de um motor veicular.

Para se ter uma ideia da possibilidade de um motor satisfazer estas características, convém lembrar que a potência e o conjugado fornecidos por um motor estão relacionados através da relação:

$$Q = \frac{P}{\Omega} = \frac{P}{2\pi N}$$

onde:
Q é o conjugado;
P é a potência;
Ω é a velocidade angular; e
N é o número de rotações do motor.

Os motores utilizados em aplicação veicular possuem curvas de potência e conjugado que diferem das características requeridas. No Capítulo seguinte são analisadas algumas alternativas de motores e, posteriormente, é discutido em maiores detalhes o motor de combustão interna.

4 SISTEMAS DE PROPULSÃO DO VEÍCULO
Alternativas para Motor Veicular

As diversas alternativas existentes de motor para propulsão de veículos podem ser classificadas de diferentes modos. Quanto à forma de conversão de energia podem ser listadas:
- Conversão de energia química em energia mecânica: engloba a grande maioria dos motores em uso;
- Conversão de energia elétrica em energia mecânica: é utilizado para a propulsão um motor elétrico que pode ser alimentado a baterias ou por rede (trólebus).

De acordo com o meio empregado para converter a energia química do combustível em energia mecânica, os motores podem ser classificados em dois grandes grupos:
- Máquina térmica ou de combustão externa. Neste caso, o calor é transferido dos produtos de combustão para o fluido operante (água, por exemplo, em uma caldeira) que, nessas condições, pode exercer pressão sobre o êmbolo de uma máquina alternativa ou acionar as palhetas de uma turbina. Um exemplo deste tipo de máquina, empregado no passado em propulsão veicular, é conhecido como motor a vapor;
- Motor de combustão interna. Neste caso, o fluido operante é constituído pelos próprios produtos de combustão que exercem pressão sobre o pistão de um motor ou movimentam as palhetas de uma turbina a gás.

Uma vez apresentada uma lista das alternativas existentes, são analisadas rapidamente algumas das opções.

4.1. Motor a Vapor

Por motor a vapor se entende a máquina alternativa (semelhante ao motor alternativo de combustão interna) que utiliza como fluído operante o vapor d'agua produzido por uma caldeira. Este motor, normalmente desenvolve a máxima potência em baixas rotações apresentando, portanto, características de desempenho próximas àquelas requeridas par uso veicular; isto pode ser visto na Figura 4.1. Tal motor eliminaria a necessidade de uma transmissão para mudança de velocidade e poderia ser acoplado diretamente ao eixo motor do veículo. Apesar das características favoráveis de desempenho, os motores a vapor, em sua forma comum, são raramente utilizados em veículos. Este fato pode ser atribuído, basicamente, a dois fatores. O primeiro é o tempo necessário para se colocara instalação em operação (inércia térmica do sistema). O outro fator é a elevada relação peso/potência da instalação que é inaceitável em aplicações veiculares.

4.2. Motor Elétrico

Os motores elétricos, atualmente em uso, para propulsão veicular são motores de corrente contínua, com excitação em série ou independente. Estes motores têm características de potência e conjugado que aproximam dos requisitos para propulsão veicular.

As curvas da Figura 4.1 são também representativas de tais motores elétricos. Uma das aplicações de motor elétrico é o caso dos trólebus que, depois de uma fase de retrocesso, estão presentemente se expandindo. Outra aplicação desses motores é fornecida por baterias. Esses veículos requerem, normalmente, elevadas forças de tração a velocidades baixa, em condições, portanto, em que os motores elétricos são mais adequados. A fonte de potência é uma bateria (de acumulação); a capacidade da bateria determina a autonomia do veículo. O uso de veículos a bateria, em geral, limita-se a uma pequena faixa de aplicações, com percursos curtos nos quais o fator peso não é muito significativo. Muitas vezes, de fato, o peso das baterias é vantajoso, por exemplo, em tratores industriais e empilhadeiras.

Atualmente, vem crescendo a utilização de veículos com motores de tração elétrica, alimentados por bateria, com autonomia de até 150 km.

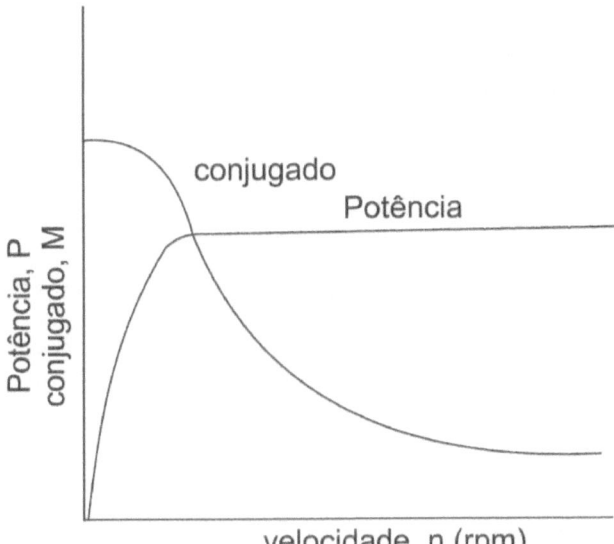

Figura 4.1. Curvas características do motor a vapor e do motor elétrico com enrolamento em série.

4.3. Motores de Combustão Interna Alternativos

Os motores de combustão interna alternativos (isto é, a pistão) constituem o grupo de maior uso em aplicação veicular. Eles podem ser divididos em duas categorias: motores de ignição por faísca e motores de ignição por compressão.

Os motores de ignição por faísca são aqueles em que a ignição da mistura ar-combustível é provocada pela faísca (centelha) de uma vela localizada, geralmente, no cabeçote do cilindro. O tipo de combustível tradicionalmente utilizado nestes motores é a gasolina, daí a denominação motor a gasolina.

Motores de ignição por compressão são aqueles em que a ignição se mistura ar-combustível é provocada pelas altas pressões e temperaturas que o ar atinge durante o período de compressão. Nestas condições, o combustível injetado no cilindro entra em ignição espontaneamente – autoignição. O nome motor Diesel deriva do engenheiro alemão que o projetou. Os motores de ignição por compressão trabalham com óleo diesel (alta rotação) mas podem operar com combustível mais pesados (média e baixa rotação)

Embora apresentem diferenças quanto ao processo de combustão, os motores de ignição por faísca e de ignição por compressão possuem curvas características de potência e conjugado aproximadamente iguais. Na Figura 4.2 estão mostradas as curvas para um motor de ignição por faísca. Pode-se perceber, então, que o motor de combustão interna não satisfaz os requisitos para aplicação veicular. Isto resulta destes motores desenvolverem potência proporcional a rotação o que acarreta uma curva de conjugado inadequada. Para viabilizar o emprego de os motores de combustão interna alternativos em aplicação veicular é necessário adotar uma transmissão multiplicadora de conjugado.

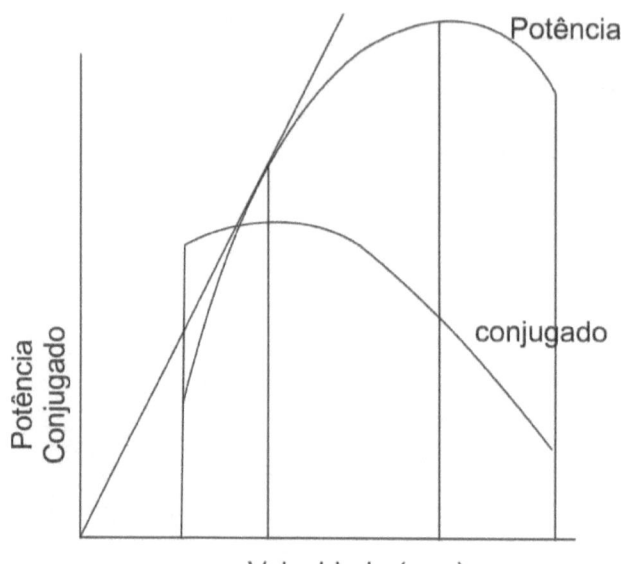

Figura 4.2. Curvas características de motores de combustão interna.

Na Figura 4.2 está indicada a rotação **Nm** em que o motor desenvolve o conjugado máximo; para esta rotação a curva de potência é tangente a uma reta que passa pela origem. Verifica-se que o máximo conjugado é alcançado para níveis relativamente baixos de potência. A rotação mínima, N_{min}, assinalada na figura é a velocidade de marcha lenta do motor.

4.4. Motor de Combustão Interna Rotativo
Entende-se por motor de combustão interna rotativo aquele em que o movimento alternativo dos pistões, foi eliminado. Entre as diversas alternativas propostas, a mais famosa é o motor Wankel. A Figura 4.3 mostra a sequência de processos para um motor Wankel de quatro tempos.

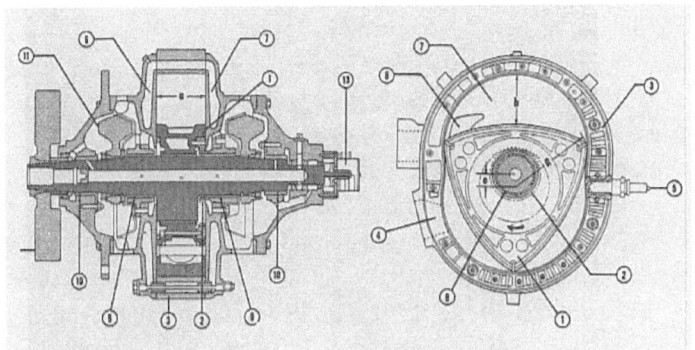

Figura 4.3. Motor de Wenkel da Curtiss-Wright.

Legenda da Figura 4.3:
1. rotor com engrenagem interna
2. engrenagem estacionária
3. caixa do rotor
4. abertura de descarga
5. vela de ignição
6. tampa lateral
7. tampa lateral
8. abertura de aspiração
9. mancal principal (interno)
10. mancal principal (externo)
11. peso de balanceamento
12. volante
13. contador de ignição

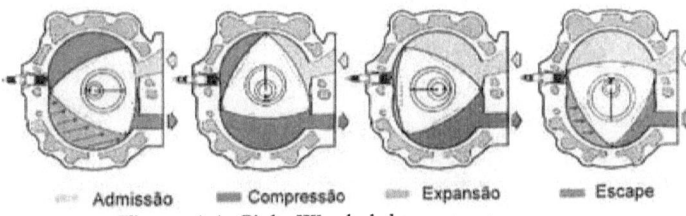

Figura 4.4. Ciclo Wenkel de quatro tempos.

As curvas de desempenho para um motor Wankel são praticamente iguais às do motor alternativo, estando mostradas na Figura 4.5.

Em uma comparação com o motor alternativo, resultam as seguintes vantagens para o motor Wankel:
- Alta potência para um motor de pequenas dimensões e, portanto, de baixo peso;
- Inexistência do sistema de comando de válvulas;

- Facilidade de balanceamento;
- Simplicidade e menor número de componentes, com consequente redução de custo;
- Menores perdas por atrito.

Existem, porém, as seguintes desvantagens:

- Maior consumo de combustível;
- Maior emissão de poluentes devido a uma combustão menos favorável;
- A vida das vedações e da vela de ignição não estão estabelecidas;
- Os efeitos dos depósitos, detonação e vibrações são desconhecidos.

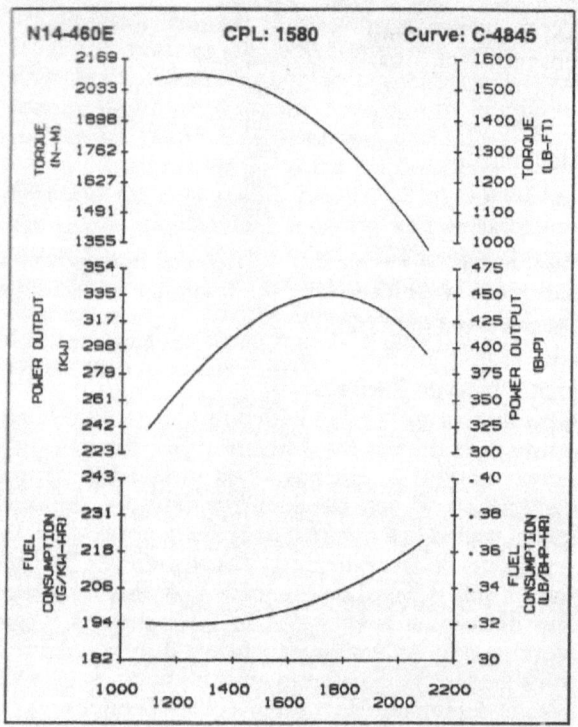

Figura 4.5. Desempenho típico do motor Wenkel.

4.5. Turbina a Gás

Uma outra alternativa para a propulsão veicular é o uso de turbina a gás, que constitui um outro tipo de motor de combustão interna. A instalação propulsora de turbina a gás, consiste basicamente de um compressor, uma câmara de combustão e da turbina propriamente dita. A Figura 4.6 mostra o esquema de uma instalação de turbina a gás que inclui adicionalmente um trocador de calor onde o ar é aquecido pelos gases que saem da turbina.

Embora a turbina a gás tenha grande aplicação em aviação (turbo jato, principalmente) e também seja usado em propulsão marítima, seu emprego em veículos terrestres é pouco significativo. A possibilidade de seu uso está condicionada a limitações verificadas com outras alternativas.

O motor de combustão interna alternativo desfruta da grande vantagem de um longo período de desenvolvimento. Existe toda uma infraestrutura estabelecida, com grande suporte tecnológico, para produção deste tipo de motor. Deve-se levar em conta, no entanto, que os motores alternativos, sobretudo os de ignição por faísca, estão atingindo os limites de potência específica. Esta limitação é determinada pela capacidade de aspiração (velocidade nos ditos de admissão) e pelo estado de tensões mecânicas e térmicas atuantes sobre os componentes do motor. Assim, parece difícil conseguir acréscimos significativos em parâmetros como a pressão média efetiva. A obtenção de potências mais elevadas, em consequência, ficaria na dependência de máquinas mais pesadas e volumosas que, de uma forma geral, não são convenientes para aplicação veicular.

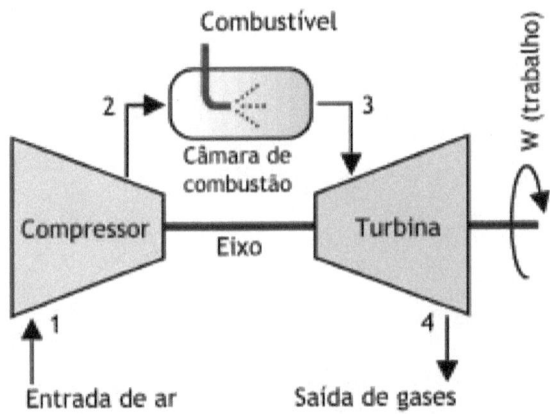

Figura 4.6. Turbina a gás simples com trocador de calor.

A turbina a gás, então, surge como alternativa promissora. Pode-se esperar que futuros desenvolvimentos conduzam a uma instalação propulsora que, além da vantagem de pequeno peso, apresente eficiência térmica comparável à de outras alternativas. Este aumento de eficiência está condicionado a utilização do pré-aquecedor de ar e do uso de misturas pobres.

A utilização de turbinas a gás em aplicação veicular, no entanto, requer os seguintes aperfeiçoamentos:

a) provisão de um conjugado máximo positivo suficientemente grande, de cerca de 4 a 5 vezes o conjugado da condição de máximo rendimento;
b) provisão de suficiente conjugado negativo (frenagem), através de dispositivos simples e, se possível, confiáveis que não adicionem complexidade à instalação;
c) provisão de controle direto de todos estágios de compressão e expansão, nas condições de serviço da instalação;
d) redução da carga média na qual se atinge o mínimo consumo específico de combustível sem recorrer a meios prejudiciais ao desempenho do motor; baixo;
e) consumo específico também em outras condições;
f) redução do consumo de combustível para carga lenta;
g) redução do tempo de resposta do motor às variações de carga.

A Figura 4.7 mostra uma comparação em termos de curva conjugado-rotação para plena carga, entre as diversas alternativas de motores veiculares. Nesta figura são mostradas duas curvas para turbinas; um a se refere à turbina de potência livre (FPT) e a outra com compressor em estágios (SCET).

TERMODINÂMICA APLICADA

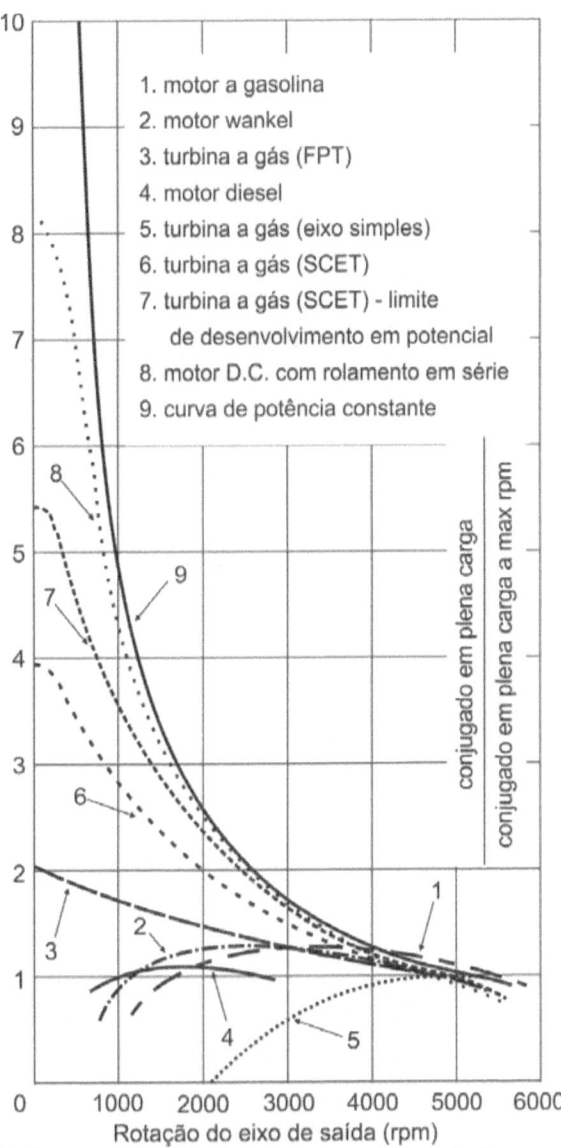

Figura 4.7. Comparação entre curvas características de diversos motores.

5 SISTEMAS DE PROPULSÃO DO VEÍCULO
Princípios de Operação de um Motor de Combustão Interna Alternativo

5.1. O Motor Alternativo Elementar
É apresentada inicialmente uma descrição dos elementos fundamentais que comporiam um motor de combustão interna elementar. É evidente que um motor real dispõe de um número bem maior de componentes que o tornam mais funcional e eficiente. É verdade também que há diferentes tipos de motores, mas qualquer um desses tipos pode ser derivado do motor elementar com as modificações convenientes.

    A parte fundamental de um motor alternativo é o cilindro no qual desliza o <u>pistão</u> ou <u>êmbolo</u>. Uma extremidade do cilindro é aberta para deixar passar a <u>conectora</u> ou <u>biela</u> e a outra é fechada pelo <u>cabeçote</u>. Esses, juntamente com o cilindro e a parte superior do êmbolo, formam a <u>câmara de combustão</u>.

    O cabeçote possui duas aberturas fechadas por meio de <u>válvulas</u>; uma delas é para admissão (<u>válvula de admissão</u>) de ar ou mistura ar-combustível e a outra é para descarga (<u>válvula de descarga</u>) dos gases de combustão. Ainda no cabeçote do cilindro está colocado um <u>injetor</u> (motor I.C.) ou uma <u>vela</u> (motor I.F.).

    O pistão, que desliza axialmente no cilindro é provido de anéis que impedem o vazamento dos gases (anéis de compressão). Os anéis (algum deles) também são utilizados para distribuição do óleo lubrificante pela superfície interna do cilindro. Uma das extremidades da biela é conectada ao pistão por um pino (<u>pino do pistão</u>) e a outra extremidade é ligada a um braço do eixo de manivelas (<u>pino da manivela</u>).

    O eixo de manivelas é sustentado por mancais (<u>mancais principais</u>) montados na <u>base</u> do motor. Esta base é fechada por baixo formando o cárter que serve para recolher o óleo lubrificante. Os órgãos mecânicos que são usados para comandar as válvulas são chamados mecanismos de distribuição. A Figura 5.1 é uma representação esquemática deste motor elementar.

O pistão executa um movimento alternativo entre duas posições extremas no cilindro. A posição próxima ao cabeçote do cilindro é denominada ponto morto superior (PMS) e a outra é chamada de ponto morto inferior (PMI).

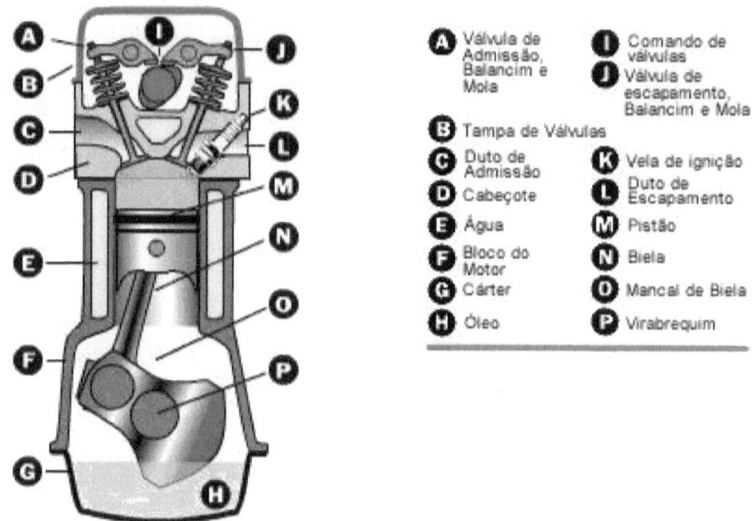

Figura 5.1. Representação esquemática de um motor de combustão interna elementar.

Quando o combustível é queimado no interior do cilindro, com as válvulas de admissão e descarga fechadas, cria-se um aumento de pressão que, atuando sobre o êmbolo, produz seu movimento de meia rotação do eixo de manivelas. Por efeito de inércia o pistão se desloca de PMI para PMS. Isto é o que ocorreria em um motor monocilíndrico. Em um motor policilíndrico sempre haveria um pistão sob a ação da pressão do gás, contribuindo para manter um movimento relativamente uniforme do eixo. Desta forma, a energia química do combustível pode ser utilizada para realizar trabalho, através do acoplamento de uma carga ao eixo de manivelas do motor.

5.2. Ciclo de Operação de um Motor de Combustão Interna
Na seção anterior foi apresentada uma descrição de um motor de combustão interna elementar. Será mostrado agora quais os princípios de operação deste motor. O que vai ser exposto se aplica tanto a motores a

gasolina (I.F.) como a motores Diesel (I.C.), ressaltando, no entanto, as diferenças que houver entre os dois tipos. Inicialmente será abordado o motor com ciclo de quatro tempos e depois de tratar o motor de dois tempos.

5.2.1. Ciclo de quatro tempos

Os motores que operam segundo esse ciclo apresentam quatro processos com períodos bem determinados, que ocorrem na seguinte ordem: admissão, compressão, expansão e descarga. A descrição de cada um desses processos que está mostrado na Figura 5.2 é apresentada a seguir.

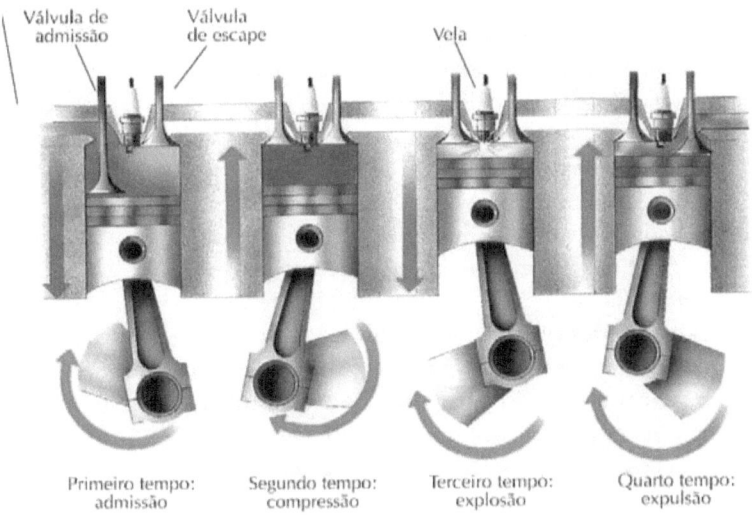

Figura 5.2. Motor com ciclo de operação de quatro tempos.

5.2.1.1. Processos de admissão

Este processo ocorre com o deslocamento do pistão de PMS a PMI, estando a válvula de admissão aberta. Com o movimento do pistão cria-se uma depressão que causa a entrada no cilindro do ar (motores I.F.).

A válvula de admissão normalmente se abre um pouco antes do êmbolo haver atingido PMS e se fecha um pouco depois do êmbolo haver atingido PMI. Durante o processo de admissão do cilindro apresenta certas variações, mas está bem próxima da pressão no coletor de admissão.

É importante observar que no início do processo de admissão existe no cilindro uma quantidade de gases de combustão, que fica aprisionada no volume de folga (volume correspondente a PMS). Assim. Sempre existe uma diluição da carga (ar ou ar- combustível) admitida no cilindro.

5.2.1.2. Processos de compressão
Este processo ocorre com o deslocamento do êmbolo de PMI a PMS, estando fechadas as válvulas de admissão e descarga. Ao final deste processo pressão e temperatura atingem valores elevados, propícios a combustão. Em motores IF um pouco antes do pistão atingir o PMS ocorre a faísca da vela tendo, assim, início o processo de combustão. Em motores IC, alternativamente, inicia-se nesta situação, a injeção de combustível. Este combustível, finalmente atomizado devido a grande pressão de injeção, ao encontrar o ar e elevada condição de pressão e temperatura entra em ignição espontaneamente.

Assim, tanto em motores I.C como I.F. bem regulados a combustão inicia-se ao final do processo de compressão. Como consequência da combustão há um aumento, mais acentuado ainda, da pressão e temperatura no interior do cilindro. Normalmente o valor máximo de pressão é atingido depois que o pistão passou pelo PMS.

5.2.1.3. Processo de expansão
Este processo ocorre com o movimento do êmbolo de PMS a PMI, estando fechadas as válvulas de admissão e descarga. A combustão que se iniciara no final do processo de compressão se prolonga pelo início da expansão.

Um pouco antes do êmbolo atingir o PMI ocorre a abertura da válvula de descarga. Em consequência, os gases começam a ser descarregados para a atmosfera e cai a pressão no interior do cilindro. Uma grande parte dos gases de combustão deixa o cilindro nesta fase.

No processo de expansão os gases executam trabalho sobre o pistão.

5.2.1.4. Processo de descarga
Este processo ocorre com o movimento do êmbolo de PMI a PMS, estando aberta a válvula de descarga. Com o deslocamento do pistão os gases que ainda estão no cilindro vão sendo descarregados. Ao final do processo permanece no cilindro uma pequena quantidade de gases que ocupa o volume de folga.

A válvula de descarga normalmente se fecha um pouco depois do pistão ter atingido PMS. Como a válvula de admissão se abre um pouco antes do PMS, existe um determinado período que as duas válvulas estão abertas. É o que se chama de *overlap* de válvulas. Durante o processo de descarga, a exemplo do que ocorre na admissão, a pressão no cilindro apresente certas flutuações, mas se situa bem próxima da pressão no coletor de descarga.

Para um motor elementar a pressão de descarga é ligeiramente superior à pressão atmosférica enquanto a pressão de admissão é ligeiramente inferior.

Terminando o processo de descarga, inicia-se um novo ciclo com a admissão de ar (ou mistura ar-combustível) para o cilindro.

5.2.1.5. Potência de um motor

Pelo que se percebe pela análise do ciclo de um motor de quatro tempos, somente em um de seus processos existe a realização de trabalho. Isto ocorre durante o processo de expansão. Em outro tempo – compressão – há um trabalho negativo enquanto que nos outros tempos – admissão e descarga – a magnitude do trabalho produzida é desprezível quando comparada à energia envolvida nos processos de expansão e compressão. A rigor, o trabalho líquido produzido por ciclo é calculado pela diferença entre os valores absolutos dos trabalhos de expansão e compressão.

Um parâmetro utilizado para medir o desempenho de motores é a pressão média efetiva (p.m.e.). Corresponde ao valor da pressão constante que, atuando sobre o pistão no curso de expansão, produziria o trabalho líquido por ciclo do motor.

Para um motor de quatro tempos a potência pode ser expressa da seguinte maneira:

$$\text{Potência} = k(\text{p.m.e.}) A \cdot L \cdot Z \cdot \frac{N}{2} \qquad (5.1)$$

onde:
k é a constante numérica para conversão de unidades;
A é a área do êmbolo;
L é o curso do êmbolo (distância de PMS a PMI);
Z é o número de cilindros do motor;
N é a rotação do motor (número de rotações por unidade de tempo), o fator 2 aparece porque são necessárias duas rotações do eixo para que se produza um tempo de expansão (curso de trabalho).

Um exame da equação acima mostra quais as formas que existem de aumentar a potência de um motor. Uma delas seria pela variação das características geométricas – área e curso do pistão. Outra seria pelo aumento do número de cilindros. Uma outra seria pela elevação da rotação do motor. Finalmente, outra forma de aumentar a potência do motor de quatro tempos seria de aumentar a pressão média efetiva, que pode ser conseguida por exemplo pelo aumento da razão de compressão do motor. A razão de compressão é definida pelo quociente entre os volumes do cilindro em PMI e PMS, respectivamente.

Há limitações naturais para qualquer uma das formas de aumento de potência do motor. O aumento de dimensões envolve problemas construtivos e, normalmente, exige um longo tempo de desenvolvimento. O aumento do número de cilindros, além de envolver problemas de distribuição, implica em um comprimento muito grande do motor. Por problemas de tensões existe uma restrição para rotação e pressão média efetiva. A rigor, melhor do que a rotação do eixo, a velocidade média do pistão caracteriza o problema de tensões de inércia. A pressão média efetiva, além de estar limitada por problemas de tensões, está condicionada aos valores de razão de compressão admissíveis para os motores. Para motores a gasolina (I.F.) a razão de compressão varia entre 7 a 9 enquanto que para os motores Diesel (I.C.) ela se situa entre 12 e 18.

Ainda examinando a Equação (5.1), verifica-se que há um outro meio de aumentar a potência do motor. Consiste em se projetar um motor que, de forma diferente do motor descrito anteriormente, tenha um curso de trabalho para cada rotação do motor. Este é o caso do motor de dois tempos que, idealmente, produziria o dobro da potência de um motor de quatro tempos de mesmas características.

5.2.2. Ciclo de dois tempos

Para um motor com ciclo de dois tempos os processos de admissão, compressão, expansão e descarga são realizados ao longo de uma rotação do eixo. Não existe, portanto, uma separação bem determinada (por curso do pistão) entre esses processos. A descrição do ciclo de operação desse motor é apresentada a seguir. Para acompanhar esta descrição é utilizada a Figura 5.3 que é uma representação esquemática do ciclo de operação de um motor de dois tempos. Convém mencionar que nesta figura está representado um tipo de motor de dois tempos. Existem outras versões diferentes.

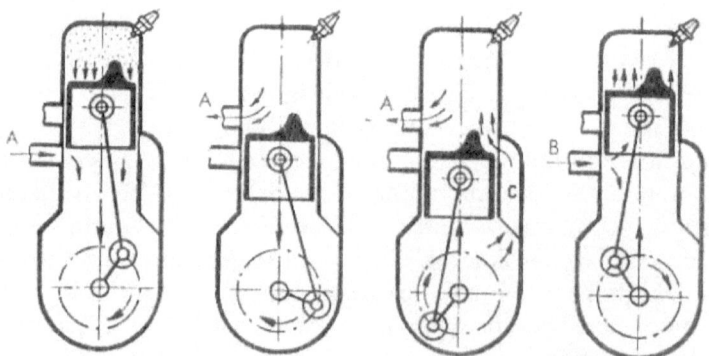

Figura 5.3. Motor com ciclo de operação de dois tempos.

5.2.2.1. Primeiro tempo – deslocamento do pistão de PMS a PMI

Este tempo corresponde ao curso de trabalho do motor. O início é caracterizado pelo fim do processo de combustão. Os gases, em condições elevadas de temperatura e pressão, expandem-se contra o pistão realizando trabalho. A expansão termina quando o pistão descobre as janelas de descarga na parede do cilindro. A medida que os gases escapam do cilindro ocorre uma queda de pressão. Quando a pressão caiu o suficiente abrem-se as janelas de admissão (lavagem) e ar (ou mistura combustível-ar) é introduzido no cilindro.

O ar de lavagem é fornecido ao cilindro a uma pressão maior que a atmosférica. Para o motor indicado na Figura 5.3 este aumento de pressão é obtido introduzindo-se o ar (ou mistura) no cárter do motor. Assim, no curso de expansão o pistão comprime o ar que, em seguida, é utilizado para a lavagem do cilindro. Neste caso, o êmbolo apresenta um defletor em sua parte superior para orientar o fluxo de ar de lavagem para cima. Existem outros meios de efetuar a compressão do ar usando-se, por exemplo, um compressor acionado pelo motor.

5.2.2.2. Segundo tempo - deslocamento do pistão de PMI a PMS

Este tempo corresponde ao curso de compressão do motor. No início deste tempo é completado o processo de lavagem do cilindro. Com o movimento do embolo fecham-se as janelas de lavagem, cessando a admissão de ar (mistura ar-combustível), e logo em seguida fecham-se as janelas de descarga.

Só, então, é que começa o processo de compressão. Ao final deste tempo, antes que o pistão atinja o PMS, ocorre a injeção de combustível (ou faísca da vela) iniciando-se o processo de combustão. Completa-se, assim, o ciclo iniciando-se um outro tempo de trabalho.

5.2.2.3. Comparação entre os ciclos de dois e quatro tempos

Como mencionado anteriormente, a vantagem do ciclo de dois tempos. em relação ao de quatro tempos é o de se obter uma maior potência para mesmas dimensões do motor. Isto se consegue pela realização de um curso de trabalho para cada rotação do motor. Teoricamente o motor de dois tempos produziria o dobro da potência de um motor correspondente de quatro tempos que, como foi visto, realiza um curso de expansão para cada duas rotações do eixo. Na prática, no entanto, isto não ocorre, pois, o curso efetivo de compressão em um motor de dois tempos é menor. De fato, a compressão só inicia quando se fecham as janelas de descarga. A pressão média efetiva, portanto, é menor. Em consequência a potência de um motor de dois tempos é no máximo 75 % maior que de um motor de quatro tempos de mesmas dimensões.

Uma desvantagem dos motores que dois tempos está relacionada com o problema de refrigeração. Como as paredes do cilindro ficam por mais tempo sujeito a altas temperaturas (um processo de combustão para cada rotação do motor) é necessário prover um melhor sistema de refrigeração. Ou, de outra forma, procura-se trabalhar com temperaturas e pressão mais baixas durante o ciclo-menor pressão média efetiva.

Uma desvantagem característica de motores a gasolina de dois tempos é a perda de combustível. Durante o processo de lavagem uma parte da mistura ar-combustível se mistura com os gases de combustão e deixa o cilindro. Isto resulta em um maior consumo específico de combustível. Para os motores Diesel não há esse problema, uma vez que apenas ar é utilizado no processo de lavagem. Deve-se · ressaltar, contudo, que a mistura do ar de lavagem com os gases de combustão e saída do cilindro representa uma perda de energia já que se consumira energia para comprimir o ar de lavagem.

5.3. Motores Supercarregados

Os motores podem ser classificados, de acordo com o processo de alimentação, em motores de aspiração normal e motores supercarregados ou superalimentados. Motores de aspiração normal são aqueles que aspiram o ar diretamente da atmosfera. Neste caso, a densidade do ar (ou mistura) induzido é aproximadamente igual à densidade do ar ambiente. Motores supercarregados são aqueles em que pela utilização de um compressor (ou mecanismo similar) antes do motor consegue-se aumentar a densidade do ar (mistura) induzido pelos cilindros.

O objetivo essencial do supercarregamento é aumentar a potência produzida por um dado motor. Pelo exame da Equação (5.1), percebe-se que um acréscimo de potência pode ser obtida pela elevação da pressão média efetiva do motor. Um acréscimo na pressão de admissão implica em aumento de pressão ao longo de todo o ciclo e, portanto, um aumento da pressão média efetiva.

Uma forma mais clara de perceber as consequências da superalimentação é raciocinar em termos do processo de combustão. A potência produzida por um motor provém da energia química liberada pela queima do combustível. A quantidade de combustível queimada no cilindro, por outro lado, é proporcional à quantidade de ar admitida. Assim, com o supercarregamento aumenta-se a quantidade de ar induzido e, em consequência, pode-se queimar mais combustível. Isto implica na produção de uma maior potência para as mesmas dimensões do cilindro. É lógico que há uma necessidade de revisar o projeto, escolher materiais mais adequados para resistir à combinação de altas pressões e temperaturas.

Existem diversas formas de se efetuar a sobrealimentação do motor. Originalmente o supercarregamento era realizado por um compressor que estava acoplado a um eixo acionado pelo próprio motor: ou por um motor elétrico. Atualmente quase todos os motores dispõem de sistema turbo-compressor, as vezes acoplado em paralelo ou série a outro mecanismo de compressão.

O conjunto turbo-compressor, utilizado para sobrealimentação de motores, consiste de uma turbina a gás que, aproveitando os gases de descarga do motor, aciona um compressor que aspira o ar do ambiente e o descarrega para o coletor de admissão do motor.

É interessante comparar o desempenho deste meio de supercarregamento com outros métodos já utilizados. Quando o compressor é acionado pelo próprio motor, através de um mecanismo de corrente, o aumento de potência produzida se verifica, normalmente, em paralelo com um aumento do consumo específico de combustível. Entretanto, com o emprego do turbo-compressor há uma redução no consumo específico do conjunto (motor-turbo-compressor). Isto ocorre porque existe uma quantidade de energia considerável nos gases de descarga de um motor. Esta energia que não pode ser aproveitada nos cilindros do motor pode/no entanto, ser utilizada para acionar a turbina. A potência gerada pela turbina é usada para acionar o compressor.

Assim, as vantagens de supercarregamento do motor através de um turbo-compressor são as seguintes:

a) aumento substancial de potência para um dado tamanho do motor e velocidade do pistão ou, alternativamente, uma redução substancial nas dimensões e peso do motor para uma dada potência;
b) apreciável redução do consumo específico de combustível em qualquer condição de carga;
c) redução do custo inicial, em termos de R$/BHP;
d) aumento da confiabilidade e redução dos custos de manutenção.

6 SISTEMAS DE PROPULSÃO DO VEÍCULO
Análise Termodinâmica dos Ciclos Motores

6.1. Introdução
Na seção anterior foi apresentada uma descrição física do motor de combustão interna bem como de seus princípios de operação. Nesta seção será efetuada a análise termodinâmica dos processos que ocorrem em um motor de combustão interna. Só assim será possível obter uma comparação razoável das variáveis que influem sobre o desempenho do motor.

A análise precisa dos processos de um motor de combustão interna é um problema bastante complexo para ser atacada diretamente. É necessário que se formulem modelos para representação dos fenômenos reais. Estes modelos não podem ser muito complexos para permitir um tratamento analítico adequado. Não podem, por outro lado, ser muito simples para os resultados da análise possam ser estendidos aos fenômenos reais.

Para a análise dos processos de um motor de combustão interna serão utilizados dois modelos. O primeiro é o ciclo padrão a ar. Para o estudo deste modelo são necessários conhecimentos elementares de termodinâmica. O segundo modelo, que constitui uma melhor aproximação para os processos reais, é o ciclo combustível-ar ideal. Para o estudo deste modelo são necessários conhecimentos adicionais sobre combustão. Algumas conclusões de significativa importância são obtidas da análise dos dois modelos. Essas conclusões podem ser estendidas para o motor de combustão interna desde que se façam as devidas correções. Com este objetivo serão discutidos posteriormente os desvios entre o ciclo combustível-ar ideal e o ciclo combustível-ar real.

Serão, então, abordados nesta seção, pela ordem: ciclo padrão a ar, ciclo combustível-ar ideal e ciclo combustível-ar real. Uma revisão sobre conceitos básicos de termodinâmica e uma apresentação de algumas noções de combustão estão contidas no apêndice.

6.2. Ciclo Padrão a Ar

O primeiro modelo empregado para análise dos processos de um motor de combustão interna é o ciclo padrão a ar. Serão apresentadas, inicialmente, as hipóteses utilizadas para esse estudo. Em seguida serão analisados os ciclos a ar de maior importância, ilustrando-se a discussão com exemplos numéricos.

6.2.1. Hipóteses

A primeira aproximação para o estudo dos motores de combustão interna é a análise dos ciclos teóricos a ar. Esta análise implica em que o fluido operante no. cilindro do motor é o ar. Admitem-se as seguintes hipóteses:

- o gás no cilindro (ar) é um gás perfeito. Obedece, portanto, a lei $pV = NRT$ e tem calores específicos constantes;
- as constantes físicas do gás no cilindro são as do ar a temperatura moderada;
- eliminam-se os processos de admissão e descarga. Assim, o fluído operante, no final do processo, permanece inalterado e se encontra no mesmo estado inicial. Desta forma, a sequência dos processos no motor de: combustão interna pode ser tratada como se fosse um ciclo na acepção da palavra.

As hipóteses acima referidas estão longe de serem verdadeiras para o ciclo real do motor de combustão interna, mas, ainda assim, os resultados desta análise serão de grande valor.

É de conhecimento geral que a eficiência térmica de um motor está diretamente relacionada com o consumo específico de combustível (quantidade de combustível requerido para produzir potência unitária). Portanto, é interessante saber quais são as variáveis que controlam a eficiência térmica.

Esta análise do ciclo a ar vai mostrar o limite hipotético da eficiência de um motor de combustão interna quando se utilizassem misturas ar-combustível extremamente pobres. será mostrado também por esta análise que a eficiência térmica de um motor depende da razão de compressão.

6.2.2. Ciclo Otto ou de volume constante

Para motores de ignição por faísca uma primeira aproximação é o ciclo a ar de Otto representado na Figura 6.1 nos diagramas P-V e T-S.

TERMODINÂMICA APLICADA

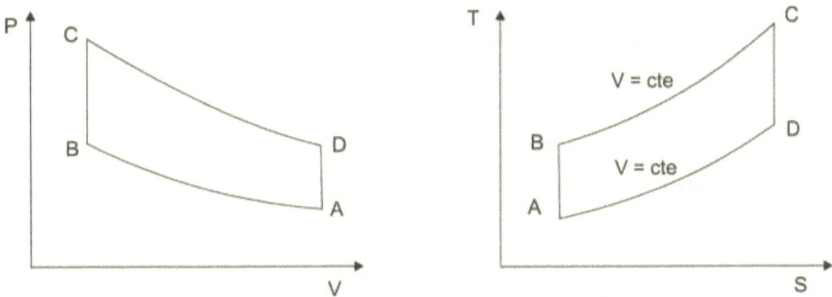

Figura 6.1. Diagramas P-V e T-S para o ciclo Otto.

A sequência dos processos é a seguinte:
- O ar é comprimido adiabática e reversivelmente de A para B;
- O ar é aquecido de B a C recebendo calor a volume constante;
- O ar sofre uma expansão adiabática reversível entre C e D;
- O ar é resfriado entre D e A cedendo calor a volume constante, reiniciando-se, então o ciclo.

A eficiência térmica de um ciclo (η_t) pode ser expressa genericamente por:

$$\eta_t = \frac{W_{liq}}{Q_{ad}}$$

ou

$$\eta_t = \frac{(Q_{ad} - Q_{rj})}{Q_{ad}} = 1 - \frac{Q_{rj}}{Q_{ad}} \qquad (6.1)$$

onde:
W_{liq} é o trabalho líquido do ciclo;
Q_{ad} é o calor admitido;
Q_{rj} é o calor rejeitado.

Os processos de troca de calor são a volume constante. Portanto, de acordo com (1.12) resulta:

$$Q_{ad} = U_C - U_B$$

$$Q_{rj} = U_D - U_A$$

Como, por hipótese, o ar é um gás perfeito, tem-se

$$Q_{ad} = NC_V \left(T_C - T_B \right)$$

$$Q_{rj} = NC_V \left(T_D - T_A \right)$$

Assim, substituindo em (6.1) fica:

$$\eta_t = 1 - \frac{(T_D - T_A)}{(T_C - T_B)} = 1 - \frac{T_A \left(\dfrac{T_D}{T_A} - 1 \right)}{T_C \left(\dfrac{T_C}{T_B} - 1 \right)} \qquad (6.2)$$

Como os processos de compreensão e expansão são adiabáticos aplica-se a Equação (1.7).

$$\left(\frac{T_A}{T_B} \right) = \left(\frac{V_B}{V_A} \right)^{K-1}$$

$$\left(\frac{T_D}{T_C} \right) = \left(\frac{V_C}{V_D} \right)^{K-1} \qquad (6.3)$$

De acordo com o diagrama pV da Figura 6.1 tem-se:

$$\frac{V_C}{V_D} = \frac{V_B}{V_A} \qquad (6.4)$$

Logo:

$$\frac{T_A}{T_B} = \frac{T_D}{T_C} \qquad (6.5)$$

Substituindo-se em (6.2) vem:

$$\eta_t = 1 - \frac{T_A}{T_B} - 1 \left(\frac{V_B}{V_A} \right)^{K-1} \qquad (6.6)$$

A razão entre os volumes $\left(V_A / V_B \right)$ é, normalmente, chamada como razão de compressão do ciclo (**r**). Assim:

$$\eta_t = 1 - r^{(1-k)} = 1 - \left(\frac{1}{r}\right)^{k-1} \tag{6.7}$$

Desta forma, conclui-se que a eficiência do ciclo Otto a ar depende somente da razão de compressão.

6.2.2.1. Exemplo
Determinar as pressões nos pontos A, B, C e D do ciclo Otto, o trabalho líquido e a eficiência térmica do ciclo para uma razão de compressão 5:1. As condições no início da compressão são 1,01 x 10⁵ N/m² a 25,6 °C. O calor suprido é de 2.262.095 kJ para 60,75 moles de ar. O calor específico a volume constante é tomado igual a 9.495 J/mol.°C.

$$P_B = P_A \left(\frac{V_A}{V_B}\right)^K = 1,01 \times 10^5 \cdot (5)^{1,4} = 9,64 \times 10^5 \text{ N/m}^2$$

$$T_B = T_A \left(\frac{V_A}{V_B}\right)^{K-1} = 299 \cdot (5)^{0,4} = 569 \text{ K}$$

$$T_C = \left(\frac{Q_{ad}}{NC_V}\right) + T_B = \frac{2.262.095.000}{60,75 \cdot 9.495} + 569 = 4.492 \text{ K}$$

Então:

$$P_C = \frac{P_B T_C}{T_B} = \frac{(9,64 \times 10^5 \cdot 4.492)}{569} = 76,1 \times 10^5 \text{ N/m}^2$$

$$T_D = \frac{T_A T_C}{T_B} = \frac{299 \cdot 4.492}{569} = 2.360 \text{ K}$$

Finalmente:

$$P_D = \frac{P_C P_A}{P_B} = \frac{76,1 \times 10^5 \cdot 1,01 \times 10^5}{9,64 \times 10^5} = 7,97 \times 10^5 \text{ N/m}^2$$

Estes cálculos indicam que as pressões e temperaturas atingidas são extremamente altas quando se usa suprimento de calor que é praticamente equivalente à energia liberada em processo que ocorre em um motor real comparável.

O calor rejeitado no curso de D a A é:

$$Q_{rj} = NC_V (T_D - T_A) = 60,75 \cdot 9.495(2.360 - 299) = 1.188.829 \text{ kJ}$$

$$W_{liq} = Q_{ad} - Q_{rj} = 2.262.095 - 1.188.829 = 1.074.266 \text{ kJ}$$

$$\eta_t = \frac{W_{liq}}{Q_{ad}} = \frac{1.074.266}{2.263.095} = 0,475$$

O mesmo resultado pode ser obtido da Equação (6.1):

$$\eta_t = 1 - r^{1-k} = 1 - 5^{-0,4} = 0,475$$

As eficiências obtidas pela análise do ciclo de ar são demasiadamente altas. A eficiência máxima possível para o processo de um motor Otto ideal (ciclo teórico combustível-ar), com razão de compressão igual a 5 e uma mistura quimicamente correta de octana e ar, é 0,327 em vez de 0,475.

6.2.3. Ciclo Diesel ou de pressão constante

Para motores Diesel de baixa rotação uma primeira aproximação é o ciclo a ar Diesel representado na Figura 6.2 nos diagramas P-V e T-S.

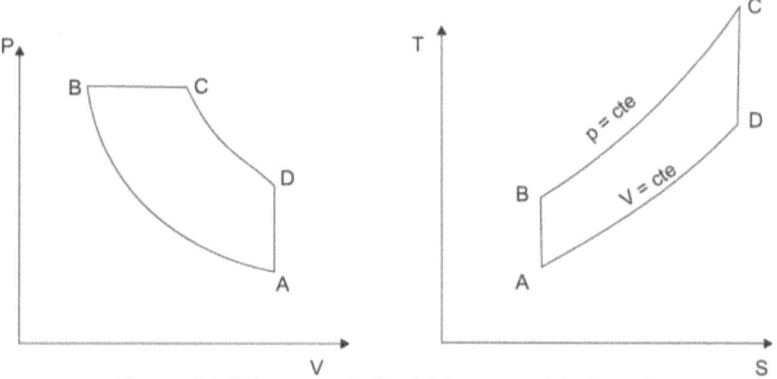

Figura 6.2. Diagramas P-V e T-S para o ciclo Diesel.

A sequência dos processos é a seguinte:
- compressão adiabática reversível de A a B;
- adição de calor a pressão constante entre B e C;

- expansão adiabática reversível de C a D;
- rejeição de calor a volume constante entre D e A.

A eficiência de calor é a pressão constante. Portanto, de acordo com (1.11) tem-se:

$$Q_{ad} = H_C - H_B = NC_p (T_C - T_B) \tag{6.8}$$

O calor é rejeitado a volume constante:

$$Q_{rj} = U_C - U_A = NC_V (T_D - T_A)$$

e, assim:

$$\eta_t = 1 - \frac{1}{K} \frac{(T_D - T_A)}{(T_C - T_B)} \tag{6.9}$$

Pode-se obter uma outra expressão para a eficiência térmica, definindo a razão de expansão a pressão constante do ciclo r_{cp}.

$$r_{c_p} = \frac{V_C}{V_B}$$

Introduzindo em (6.9) os valores de r e r_{cp}, resulta:

$$\eta_t = 1 - \frac{1}{r^{(K-1)}} \frac{r_{c_p}^K - 1}{K(r_{c_p} - 1)} \tag{6.10}$$

Esta última expressão – (6.10) – mostra que a eficiência do ciclo Diesel depende não só da razão de compressão; mas também da quantidade de calor admitido (Qad), que em última análise é o responsável pela expansão de B a C. Pode-se verificar que quanto maior for o calor admitido menor é a eficiência térmica do ciclo.

6.2.3.1. Exemplo

Determinar a razão de compressão para um ciclo padrão a ar tipo Diesel de pressão constante, tendo uma pressão de compressão de 34,48 x 10^5 N/m² (efetiva). Calcular também as temperaturas nos quatro pontos do ciclo, a razão de expansão à pressão constante, a pressão em D, e a eficiência de ciclo.

São dados:

$P_A = 1{,}013 \times 10^5 \text{ N/m}^2$ (absoluta)

$T_A = 25{,}6 \text{ °C}$

$$r = \frac{V_A}{V_B} = \left(\frac{P_B}{P_A}\right)^{1/k} = \left(\frac{35{,}48}{1{,}013}\right)^{1/1{,}4} = 12{,}68$$

$$T_B = T_A \left(\frac{V_A}{V_B}\right)^{k-1} = 299(12{,}68)^{0{,}04} = 826 \text{ K}$$

Admitindo-se os mesmos suprimentos de calor, moles de ar e calores específicos usados na análise do ciclo Otto e resolvendo a Equação (6.4), resulta:

$$T_C = \frac{Q_{ad}}{NC_p} + T_B = \frac{2.262.095.000}{60{,}75 \cdot 13.294} + 826 = 3.628 \text{ K}$$

$$r_{c_p} = \frac{V_C}{V_B} = \frac{T_C}{T_B} = \frac{3.628}{826} = 4{,}39$$

Razão de expansão: $\dfrac{V_D}{V_C} = \left(\dfrac{V_D}{V_B}\right)\left(\dfrac{V_B}{V_C}\right) = \dfrac{12{,}68}{4{,}39} = 2{,}89$

Então:

$$P_D = P_C \left(\frac{V_C}{V_D}\right)^k = \frac{35{,}48 \times 10^5}{(2{,}89)^{1{,}4}} = 8{,}03 \times 10^5 \text{ N/m}^2$$

$$T_D = T_C \left(\frac{V_C}{V_D}\right)^{k-1} = \frac{3.628}{(2{,}89)^{0{,}4}} = 2.373 \text{ K}$$

A eficiência do ciclo é obtida da Equação (6.5).

$$\eta_t = 1 - \frac{1}{K}\left(\frac{(T_D - T_A)}{(T_C - T_B)}\right) = 1 - \frac{1}{1{,}4}\left(\frac{(2.373 - 298{,}6)}{(3.628 - 826)}\right) = 0{,}471$$

TERMODINÂMICA APLICADA

Os exemplos mostram que as eficiências dos ciclos a ar Otto com razão de compressão 5:1 e Diesel com razão 12,68:1 são praticamente iguais. Se a razão de compressão ciclo Otto fosse igual a do ciclo Diesel sua eficiência seria bem mais alta. Entretanto, as características do combustível e restrições de pressão máxima impedem que um motor que opere segundo o ciclo Otto trabalhe com razões de compressão tão altas quanto as utilizadas por motores que operam segundo o ciclo Diesel.

6.2.4. Ciclo Diesel de pressão limitada ou dual

Para motores Diesel de alta e média rotação uma primeira aproximação é o ciclo de ar Diesel de pressão limitada ou dual, representado na Figura 6.3 pelos diagramas P-V e T-S.

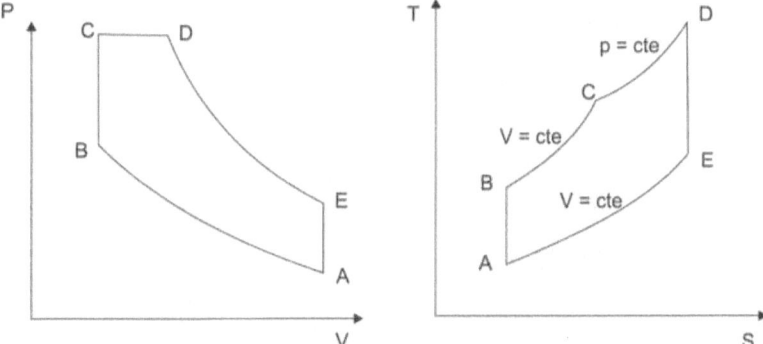

Figura 6.3. Diagramas P-V e T-S para o ciclo Diesel de pressão limitada.

A sequência dos processos é a seguinte:
- compressão adiabática reversível de A a B;
- adição de calor a volume constante de B até C;
- adição de calor a pressão constante de C a D;
- expansão adiabática reversível de D a E;
- rejeição de calor a volume constante de D a A.

A eficiência térmica do ciclo é dada por:

$$\eta_t = \frac{\left(Q_{ad} - Q_{rj}\right)}{Q_{ad}} \qquad (6.11)$$

A adição de calor é feita inicialmente a volume constante e depois a pressão constante. Portanto, de acordo com (1.11) e (1.12) tem-se:

$$Q_{ad} = U_C - U_B + H_C - H_C = NC_V\left(T_C - T_B\right) + NC_P\left(T_D - T_C\right) \qquad (6.12)$$

A rejeição de calor é a volume constante; logo:

$$Q_{rj} = NC_v (T_E - T_A) \tag{6.13}$$

e, assim:

$$\eta_t = 1 - \frac{(T_E - T_A)}{(T_C - T_B) + K(T_D - T_C)} \tag{6.14}$$

Pode-se obter outra expressão para a eficiência térmica do ciclo definitivo:

$r_{c_p} = \dfrac{V_D}{V_C}$, razão de expansão a pressão constante,

$r_p = \dfrac{P_C}{P_B}$

$r = \dfrac{V_A}{V_B}$, razão de compressão,

resulta:

$$\eta_t = 1 - \frac{1}{r^{(K-1)}} \frac{(r_p r_{c_p}^K - 1)}{(K r_p (r_{c_p} - 1) + r_p - 1)} \tag{6.15}$$

Esta última expressão mostra que também para o ciclo Diesel de pressão limitada, a eficiência térmica do ciclo depende dos parâmetros r_p e r_{cp}, isto é, das frações de calor admitida a volume constante e a pressão constante.

6.2.4.1. Exemplo
Um ciclo Diesel ideal, a ar, com limite de pressão, tem uma razão de compressão de 12,68:1. Um quarto de calor é admitido a volume constante e o restante a pressão constante. Pa = 1,01 x 10^5 N/m² e T_A = 299 K. Determinar a eficiência térmica do ciclo a ar, ideal.
Do exemplo do ciclo Diesel a pressão constante, para as mesmas condições, T_B = 826 K e P_B = 35,48 x 10^5 N/m². Então, supondo-se mesma quantidade total de calor suprido, o mesmo número de moles de ar e os mesmos calores específicos empregados nos exemplos anteriores, tem-

se:

$$T_C = 0,25 \cdot \frac{Q_{ad}}{NC_V} + T_B = 0,25 \cdot \frac{2.262.095.000}{60,75 \times 9.495} + 826 = 1.807 \text{ K}$$

$$P_C = P_B \frac{T_C}{T_B} = 35,48 \times 10^5 \cdot \frac{1.807}{826} = 77,06 \times 10^5 \text{ N/m}^2$$

$$T_D = 0,75 \frac{Q_{ad}}{NC_p} + T_C = 0,75 \frac{2.262.095.000}{60,75 \cdot 132,94} + 1.807 = 3.909 \text{ K}$$

$$r_{C_p} = \frac{V_D}{V_C} = \frac{T_D}{T_C} = \frac{3.909}{1.807} = 2,16$$

A razão de expansão adiabática é:

$$\frac{V_E}{V_D} = \left(\frac{V_E}{V_C}\right)\left(\frac{V_C}{V_D}\right) = 5,87$$

Então:

$$T_E = T_D \left(\frac{V_D}{V_E}\right)^{K-1} = 3.909 \left(\frac{1}{5,87}\right)^{0,4} = 1.926 \text{ K}$$

Substituindo-se na Equação (6.7):

$$\eta_t = 1 - \frac{(1.926 - 299)}{(1.807 - 826) + 1,4(3.909 - 1.807)} = 0,585$$

Os exemplos mostram que para uma mesma quantidade de calor admitido o ciclo Diesel de pressão limitada é mais eficiente que o ciclo Diesel. Este resultado é lógico uma vez que o ciclo dual, sendo intermediário entre os ciclos Otto e Diesel, deve ter eficiência compreendida entre as eficiências daqueles ciclos.

6.2.5. Comparação entre ciclos
Os exemplos apresentados nos parágrafos anteriores serviram para dar uma ideia das eficiências relativas dos diversos ciclos. Pode-se, entretanto, por

meio de processos analíticos, efetuar uma comparação entre ciclos apresentados, para diversas condições de operação. A forma mais simples de análise é pelo emprego dos diagramas P-V e T-S nos quais se pode comparar os ciclos. É preciso lembrar que nos diagramas T-S às áreas abaixo das linhas de volume constante ou pressão constante apresentem o calor trocado durante o processo.

6.3. Ciclo Combustível-Ar Ideal

Como primeira aproximação para a análise dos processos do motor de combustão interna foi estudado o ciclo padrão a ar. Um segundo modelo – ciclo combustível – ar ideal – que mais se aproxima do ciclo real será analisado agora.

Para o estudo deste modelo serão definidos outros processos, não considerados na análise do ciclo a ar – processos de admissão e descarga. Para tanto é preciso definir o ciclo de operação do motor – quatro tempos ou dois tempos. O procedimento usualmente empregado é de estudar o ciclo de quatro tempos, fazendo posteriormente as modificações correspondentes ao ciclo de dois tempos. Este também será o procedimento adotado no presente trabalho.

São apresentadas a seguir as hipóteses empregadas na formulação do modelo, e depois são analisados os ciclos combustível-ar de interesse.

6.3.1. Hipóteses

A análise do ciclo combustível-ar ideal leva em consideração, com razoável precisão, os processos que ocorrem em um motor de combustão interna. As propriedades do fluido operante no cilindro são utilizadas para análise, e como resultado obtém-se uma aproximação surpreendentemente boa das temperaturas e pressões reais.

Para análise do ciclo lida-se, portanto, com ar, combustível em estado líquido ou gasoso e gases de combustão. É considerada a reação de combustão que ocorre no cilindro. O fato de se considerar a variação de calor específico e a ocorrência de equilíbrio químico fazem com que as temperaturas e pressões atingidas no ciclo não sejam tão altas quanto as correspondentes do ciclo a ar. Os produtos de combustão são descarregados em temperaturas elevadas, portanto, em condições bem diferentes daquelas de admissão. Desses fatos, segue-se que:

a) as eficiências térmicas dos ciclos são menores que as dos ciclos a ar correspondentes;

b) a designação de ciclo tem uma conotação diferente.

Para análise do ciclo combustível-ar ideal são admitidas usualmente as seguintes hipóteses:

a) não há mudança química do combustível ou ar antes da combustão;

b) existe sempre equilíbrio químico depois do processo de combustão;
c) todos os processos são adiabáticos, não havendo, assim, fluxo de calor através das paredes do cilindro;
d) as velocidades do fluido são desprezíveis;
e) as válvulas abrem nos pontos mortos, não havendo restrição ao escoamento;
f) não há variação de volume no cilindro enquanto a diferença de pressão através de uma válvula aberta não cair a zero.

Estas serão as hipóteses utilizadas para análise. Deve-se ressaltar que as duas últimas se referem particularmente aos ciclos a quatro tempos que serão tratados inicialmente. Depois, serão estudados os ciclos de dois tempos, sendo que as únicas diferenças entre os dois ciclos estão relacionadas com os processos de admissão e descarga.

Pelo elenco de hipóteses admitidas percebe-se que o tratamento dos ciclos combustível-ar não é tão simples quanto aquele dispensado aos ciclos a ar. Enquanto que para o caso anterior a construção de um diagrama que representasse o ciclo, exigia uma tabela de propriedades do ar, precisa-se agora trabalhar com mistura ar-combustível e com produtos de combustão. Existem, entretanto, diagramas de mistura ar-combustível, para o processo de compressão, e diagramas de produtos de combustão, para a sequência dos processos após combustão, que tornam mais simples e rápida a solução do problema. Estes diagramas são apresentados para um dado combustível e uma dada razão ar-combustível.

6.3.2. Processos ideais no motor de ciclo Otto

A sequência dos processos para este ciclo é representada em um diagrama PV. Para entender claramente o que ocorre em motor de combustão interna deve-se lembrar que existe sempre no final do processo de descarga uma quantidade de gases de combustão ocupando o volume de folga do cilindro. Assim, a fluido operante para o ciclo seguinte do motor será constituída não somente pela mistura fresca, ar-combustível, admitida no cilindro, mas também pela parcela remanescente de produtos de combustão, chamada de gases residuais.

É lógico que o desempenho do motor vai depender da composição da carga-mistura ar-combustível + gases residuais, no início do ciclo. Portanto, convém assinalar que a quantidade de gases residuais para um dado motor depende da pressão e temperatura de descarga.

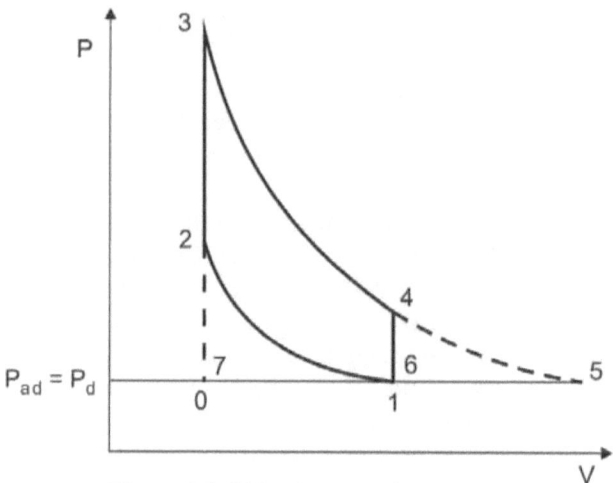

Figura 6.4. Ciclo Otto combustível-ar.

6.3.2.1. Compressão

A mistura fresca aspirada no curso de admissão foi diluída pelos gases residuais, de forma que as propriedades-temperatura e composição da carga no final da admissão – não são conhecidas. Para determinar estas propriedades seria necessário saber a temperatura e quantidade de gases residuais. Como estes valores não são conhecidos a priori, faz-se uma estimativa da fração de gases residuais (**f**) e da temperatura da carga (**T_1**) no início de compressão. Os valores estimados devem ser confrontados com aqueles obtidos no final do ciclo.

A compressão é, por hipótese, um processo adiabático reversível, de modo que conhecendo as propriedades da carga do ponto 1, no início de compressão, pode-se calcular o estado 2.

Assim, tem-se:

$S_2 = S_1$ – processo isoentrópico;

$V_2 = \dfrac{V_1}{r}$ – onde r é razão de compressão do ciclo.

As outras condições no fim deste processo poderiam ser obtidas pela forma usual de tratamento de mistura de gases. Entretanto, utilizando-se os diagramas de mistura ar-combustível o trabalho fica simplificado. Obtém-se assim: **U_2, P_2, T_2**. A influência dos gases residuais durante a compressão é desprezível.

Pode-se calcular, ainda o trabalho de compressão. De acordo com as hipóteses admitidas resulta:

$$W_{1-2} = U_2 - U_1 \tag{6.16}$$

6.3.2.2. Combustão

A carga comprimida entre 1 e 2 entra em combustão, que começa no final do processo de compressão, por ação da faísca da vela, e se desenvolve a volume constante. A combustão se dá sem transferência de calor através das paredes do cilindro e atinge-se o equilíbrio químico. A identificação do estado final, ponto 3, se faz através das relações:

$$U_2 + C_2 = (U+C)_3 \tag{6.17}$$

que representa uma combustão a volume constante – Equação (2.3) e $V_3 = V_2$.

Pode-se detalhar a equação de energia para o processo com o objetivo de assinalar a influência da fração de gases residuais. Para os objetivos deste trabalho basta mencionar que a presença de gases residuais implica em uma redução na energia disponível para o processo de combustão.

A utilização dos diagramas para mistura ar-combustível e para produtos de combustão permite um cálculo rápido do processo. Assim, a energia interna de toda a carga antes da combustão pode ser obtida no diagrama de mistura ar-combustível em função da temperatura T_2.

A influência dos gases residuais no cômputo de energia interna da carga é desprezível de forma que alguns não fazem menção da fração de gases residuais, tratando a carga como se fosse simplesmente uma mistura ar-combustível. A energia química dos gases residuais só existe quando a mistura combustível-ar apresenta excesso de combustível e em consequência a combustão é incompleta. Mesmo neste caso a energia química dos gases é pequena e poderia ser desprezada no cálculo.

A definição das propriedades no ponto 3 é obtida com o emprego do diagrama para produtos de combustão; determina-se assim:

P_3, S_3, T_2.

6.3.2.3. Expansão

Os produtos de combustão se expandem adiabática e reversivelmente entre os estados 3 e 4 realizando trabalho sobre o êmbolo. Durante a expansão há sempre equilíbrio químico, o que implica que ocorre a recombinação de alguns produtos dissociados com conversão de energia química em energia interna. A determinação do ponto 4 se faz através das relações:

$S_4 = S_3$

$V_4 = V_1$

Empregando o diagrama de produtos de combustão embora a resolução analítica fosse possível, determina-se T_4 e $(U + C)_4$.

O trabalho realizado pode ser calculado por:

$$_3W_4 = (U+C)_3 - (U+C)_4 \qquad (6.18)$$

pois admite-se que a transferência de calor para o exterior é nula durante o processo.

A razão do emprego da notação $(U + C)_3$ em vez de $U_3 + C_3$ e $(U + C)_4$ em vez de $U_4 + C_4$ se justifica pelo fato de que em altas temperaturas há um intercâmbio permanente entre duas formas de energia satisfazendo as exigências de equilíbrio químico.

6.3.2.4. Processo de alívio dos produtos de combustão

Ao final do curso de expansão, a válvula de descarga abre e, devido à diferença de pressões, a maior parte dos gases deixa o cilindro. Admite-se que a parcela de gases que permanece no cilindro sofre uma expansão adiabática reversível até a pressão de descarga, que pode ser a própria pressão atmosférica. Admite-se, adicionalmente, que durante este processo não há variação de volume no cilindro, curva 4-6. As propriedades dos gases que permanecem no cilindro são obtidas prolongando a expansão iniciada em 3 até a pressão de descarga, processo 4-5. Observar que o ponto 5 representa o estado (volume) de toda a massa de gases após a expansão até a pressão de descarga. Para o processo 4-5 tem-se:

$P_5 = P_d$

$S_5 = S_4$

No diagrama de produtos de combustão, obtém-se:

$T_5, V_5, (U + C)_5$

As propriedades específicas no ponto 6 são, evidentemente, iguais às do ponto 5.

6.3.2.5. Processo de descarga

Os gases que permanecem no cilindro são descarregados pelo movimento do êmbolo do ponto morto inferior até o ponto morto superior. No fim do processo, 6-7, a válvula de descarga fecha e permanece no cilindro uma parte de produtos de combustão, os gases residuais, ocupando o volume $V_7 = V_2$. Durante a descarga admite-se que não há variação nas propriedades dos gases, ocorrendo apenas uma variação de massa. Desta forma, pode-se calcular a fração de gases residuais **f**, que é a relação entre a massa de gases residuais e a massa de carga do cilindro. Assim, como os pontos 7 e 5 do diagrama correspondem a diferentes quantidades de gases em um mesmo estado, tem-se:

$$f = \frac{V_7}{V_5} = \frac{V_2}{V_5}$$

Pode-se, agora, confrontar o valor obtido com aquele estimado para início dos cálculos.

6.3.2.6. Processo de admissão

Concluído o processo de descarga, simultaneamente ao fechamento da válvula de descarga, se dá a abertura da válvula de admissão e inicia-se o processo de indução de mistura. Se houver uma diferença entre as pressões de descarga e de admissão, há inicialmente uma expansão ou compressão dos gases de descarga conforme seja a relação entre essas pressões. De acordo com as hipóteses admitidas não há transferência de calor durante o processo de admissão e a energia cinética envolvida no processo é nula, de forma que podemos escrever a equação de energia nos seguintes termos:

$$H_{ar+comb} + U_{gas.res} = V_1 + {_0}W_1 \qquad (6.19)$$

onde U_1 é a energia interna da carga no final do processo de admissão.

Em função de U_1 pode-se determinar T_1, comparando com o valor estimado, no início do procedimento. Se os valores de **f** e T_1 forem estimados de maneira coerente o confronto com os valores calculados não deve apresentar diferença significativa. Se isto, entretanto, não ocorrer é necessário recalcular o ciclo. As outras propriedades do ponto 1 podem ser tiradas no diagrama de mistura ar-combustível.

6.3.2.7. Trabalho líquido e eficiência térmica

Conseguiu-se determinar inteiramente o ciclo, obtendo-se as propriedades do fluido operante nos diversos pontos. Pode-se, portanto, calcular a eficiência térmica do ciclo. De acordo com a definição genérica de eficiência térmica:

$$\eta_t = \frac{\text{Trabalho Líquido}}{\text{Energia Introduzida}} \qquad (6.20)$$

onde o trabalho líquido do ciclo, leva em conta, apenas, o trabalho realizado durante a compressão, 1-2, e expansão, 3-4.

Assim, resulta:

$$W_{liq} = {}_3W_4 - {}_1W_2 = (U+C)_3 - (U+C)_4 - U_2 - U_1 \qquad (6.21)$$

e, a energia introduzida no ciclo para o cálculo da eficiência é tomada como sendo o poder calorífico do combustível nas condições de admissão.

6.3.2.8. Pressão média efetiva

Um parâmetro normalmente utilizado na comparação de motores, e que será tratado adiante com maiores detalhes, é a pressão média efetiva (p.m.e.). Ela é definida como sendo a pressão constante que exercida sobre pistão durante o seu deslocamento produziria a potência do motor. Ou, em termos de ciclo pode-se escrever:

$$\text{p.m.e.} = \frac{W_{liq}}{(V_1 - V_2)} \qquad (6.22)$$

onde $(V_1 - V_2)$ é o volume de deslocamento do êmbolo.

6.3.3. Processos ideais em um motor de ciclo Diesel

Em vez de se discorrer sobre todos os processos do ciclo Diesel combustível-ar serão destacadas apenas as diferenças entre esses processos e aqueles analisados para o ciclo Otto.

Assim, o Ciclo Diesel combustível-ar, representado na Figura 6.5 possui as seguintes características:

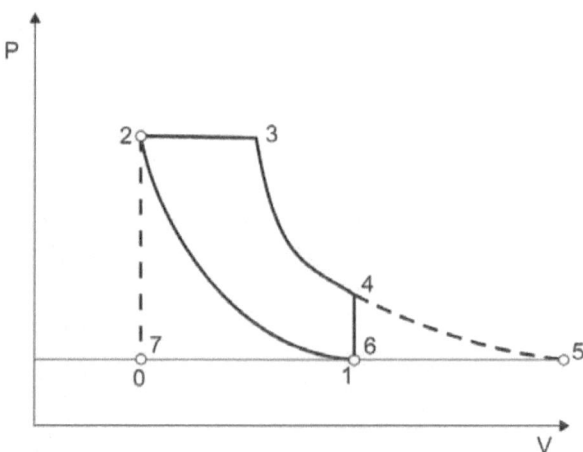

Figura 6.5. Ciclo Diesel Combustível-ar.

6.3.3.1. Compressão
O motor Diesel aspira apenas ar no processo de admissão. Assim, tem-se a compressão de uma carga que é composta de ar e gases residuais. Pode-se analisar o processo como se fosse simplesmente compressão de ar.

6.3.3.2. Combustão
No final da compressão injeta-se o combustível a alta pressão no cilindro. Em contato com o ar em condição de elevadas pressão e temperatura o combustível sofre ignição espontânea, seguindo-se combustão a pressão constante. Correspondendo a Equação (6.10) tem-se, então:

$$H_2 + C_2 = (H+C)_3 \qquad (6.23)$$

6.3.3.3. Expansão, alívio e descarga
Os processos são idênticos aos do ciclo Otto.

6.3.3.4. Admissão
Como já se ressaltou tem-se indução só de ar, de forma que para o processo vale:

$$H_{ar} + U_{gas\ res.} = U_1 + {_0}W_1 \qquad (6.24)$$

Aplica-se para o ciclo Diesel as mesmas definições de pressão média efetiva, eficiência térmica e trabalho líquido apresentadas para o ciclo Otto.

6.3.4. Processos ideais do ciclo Diesel de pressão limitada
Não há necessidade de maiores detalhes sobre este ciclo, uma vez que suas características são praticamente iguais ao do ciclo Diesel, residindo a única diferença no processo de combustão que se dá primeiro a volume constante até se atingir uma pressão limite e depois a pressão constante. A equação da energia para o processo é:

$$H_2 + C_2 = (H+C)_4 - P_3 V_3 \qquad (6.25)$$

O ciclo está representado na Figura 6.6, mostrada a seguir.

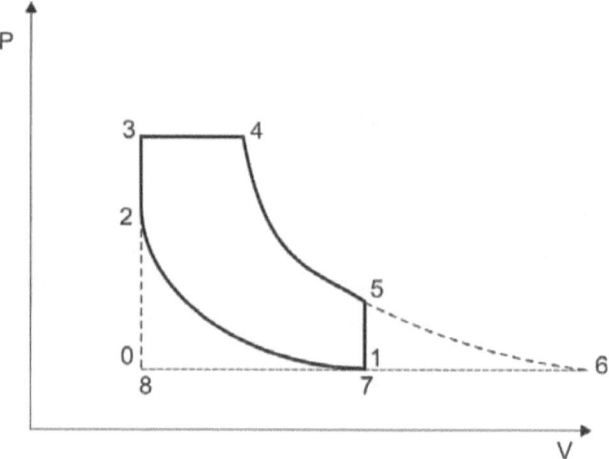

Figura 6.6. Ciclo dual combustível-ar.

6.3.4.1. Motor com ciclo de dois tempos

Conforme mencionado anteriormente, para o tratamento dos ciclos de combustível-ar tomou-se como base os ciclos correspondentes aos motores de quatro tempos. Serão examinados agora as modificações que surgem quando se considera os ciclos de motores de dois tempos.

Em um motor de dois tempos, todo curso descendente do êmbolo, isto é, de ponto morto superior para ponto morto inferior, é um curso de expansão.

Assim, em um motor com ciclo de dois tempos quando o pistão está próximo ao ponto morto inferior, no curso descendente, as janelas (ou válvulas) de descarga e de admissão abrem. A pressão de admissão é necessariamente maior que a pressão de descarga de modo que quando as janelas se abrem há um fluxo de mistura (ar) para o cilindro que desloca os produtos de combustão para fora do cilindro. Isto constitui o chamado processo de lavagem.

Para os processos ideais de admissão e descarga de um motor de dois tempos valem as hipóteses:
- O fluxo de mistura fresca para o cilindro e a descarga dos gases ocorre com o pistão em ponto morto inferior (volume V_1 da Figura 6.4), a uma pressão constante P_1.
- Estes processos são adiabáticos, não havendo troca de calor entre o fluido e as partes do motor.

A quantidade dos gases residuais para motores a dois tempos é determinada exclusivamente pelo processo de lavagem, e não está, como no caso dos motores a quatro tempos, relacionada com a razão de volume V_2/V_5. Assim, em problemas de ciclo combustível-ar para motores de dois tempos o valor de f é uma variável que só depende do tipo de eficiência do processo de lavagem, não dependendo de condições particulares do ciclo. Por outro lado, deve-se registrar que a fração de gases em motores de dois tempos é sempre maior que para motores de quatro tempos.

Pode-se verificar que, de acordo com as hipóteses adotadas – **a** e **b**, todos os outros processos para o ciclo de dois tempos são semelhantes aos dos ciclos de quatro tempos.

6.4. Ciclos Reais

Para compreensão dos fenômenos que ocorrem nos motores de combustão interna foram examinados dois modelos – o ciclo padrão a ar e o ciclo ideal combustível-ar. Algumas concussões de grande interesse foram obtidas desta análise. Essas concussões podem ser entendidas aos ciclos de operação dos motores de combustão interna desde que sejam consideradas os desvios entre ciclos reais e os ciclos ideais.

6.4.1. Desvios entre o ciclo real e o ciclo ideal

Uma primeira avaliação das diferenças entre os ciclos reais e os ciclos ideais pode ser feita com base nas hipóteses admitidas para os ciclos ideais. Essas hipóteses são adotadas para simplificar o cálculo dos ciclos, constituindo apenas aproximações do que ocorre nos processos reais. A análise quantitativa dos desvios entre ciclos reais e ideais baseia-se na comparação dos respectivos diagramas pressão-volume. Os diagramas p-V para o ciclo ideal são obtidos através de cálculo enquanto que para o ciclo real eles são obtidos através de indicadores de pressão colocados no cabeçote dos cilindros.

Os indicadores registram a pressão ao longo do ciclo de operação do motor. Para objetivo de análise das diferenças entre o ciclo real e o ideal é interessante que sejam empregados dois tipos de indicadores de pressão, notadamente para motores de quatro tempos. Um deles assinalaria a pressão desde o início da compressão até o fim do processo de alívio (ou início da lavagem em motor de dois tempos). Um outro, mais sensível, seria utilizado para registrar as relativamente pequenas flutuações de pressão que ocorrem durante as fases de descarga e admissão (ou lavagem). Será considerado, inicialmente, um diagrama indicado que não inclui os processos de admissão e descarga (ou lavagem).

Os desvios entre os dois ciclos, com consequentes influência sobre a eficiência térmica, vão ser caracterizados pela definição de algumas perdas.

<u>Perdas devido ao tempo</u> – são perdas devido ao tempo para que se processe mistura entre ar e combustível e ocorra a combustão.

<u>Perda da descarga</u> – é uma redução do trabalho no curso de expansão provocado por uma abertura prematura da válvula de descarga.

<u>Perda térmica</u> – constitui o calor que flui através das paredes do

cilindro e que na análise do ciclo ideal foi considerado nulo.

Há ainda a acrescentar perdas devido a vazamento, mas em motores em que os anéis de pistão e as válvulas se encontrem em boas condições elas são desprezíveis.

6.4.2. Comparação entre o ciclo real e o ciclo ideal em um motor de ignição por faísca

De forma análoga ao que foi feito na apresentação dos ciclos teóricos, será analisado inicialmente o ciclo real de Otto. Este ciclo, conforme mencionado anteriormente, é uma representação bastante aproximada do ciclo de operação de um motor de ignição por faísca (motor a gasolina).

Para uma melhor compreensão das diferenças entre os ciclos real e o ideal serão apresentadas no diagrama p-V da Figura 6.7 as curvas correspondentes aos dois ciclos.

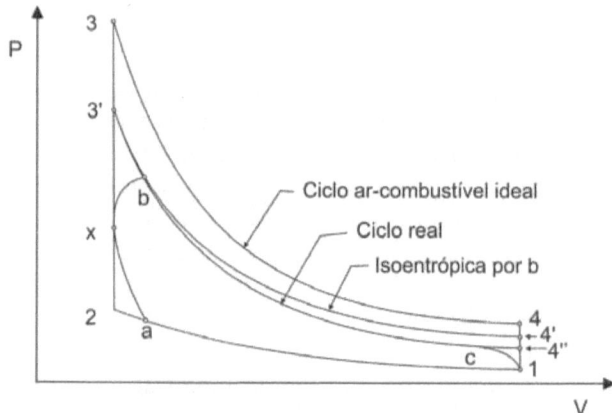

Figura 6.7. Comparação entre o ciclo ideal e o ciclo real de um motor a gasolina.

Nesta figura o início do aumento de pressão provocada pela combustão se dá no ponto a e a combustão termina praticamente no ponto b, onde a pressão começa a cair, ao longo de uma curva aproximadamente isoentrópica. Para fins de esclarecimento foi traçada no diagrama a isoentrópica 3'4' passando pelo ponto b.

6.4.2.1. Perda devido ao tempo

A combustão em um motor de ignição por faísca não é, evidentemente, instantânea ocupando um certo espaço de tempo. Dada a faísca da vela, tem início a ignição da carga em um ponto próximo a vela; forma-se, então, na região onde se iniciou a combustão uma frente de chama que se propaga pela câmara de combustão e é responsável pela queima de toda a carga. A frente de chama se movimenta com uma determinada velocidade finita, que é função de uma série de variáveis, e assim é necessário um certo tempo para que haja combustão de toda a carga. É preciso observar que eventualmente o tempo gasto para combustão inclui uma certa parcela de tempo requerido para mistura do combustível com o ar e gases residuais se uma mistura homogênea não tiver sido formada antes da ignição.

Tomando como referência a Figura 6.7, se a combustão ocorresse instantaneamente, em ponto morto superior, com as perdas térmicas permanecendo constantes, o ciclo seguiria a curva 1 – 2 e daí verticalmente até uma pressão ligeiramente inferior à do ponto 3'. Porém, com avanço de faísca ótimo a diferença entre estes dois pontos é tão pequena que se pode admitir que eles sejam coincidentes. Assim, a área compreendia entre os pontos a-2-x e x-3-b representa as perdas devidas ao tempo.

6.4.2.2. Perda na Descarga
Para análise do ciclo ideal ar-combustível admitiu-se as aberturas e fechamentos de válvulas, ocorressem em posições correspondentes a ponto morto inferior e superior. Na realidade nenhum motor opera dentro dessas hipóteses. Assim, a válvula de descarga deve abrir antes do final do curso de expansão de modo a assegurar uma boa aspiração de mistura fresca para o ciclo seguinte do motor. Perde-se, deste modo, um certo trabalho na expansão com a queda de pressão devido a abertura da válvula que é dada pela área compreendida entre os pontos c – 4"-1 no diagrama da Figura 6.7.

6.4.2.3. Perda Térmica
Admitiu-se para o tratamento do ciclo ideal que todos os processos fossem adiabáticos, não havendo, portanto, transferência de calor através das paredes dos cilindros. Entretanto, é claro que isto não é válido para um motor de combustão interna. Se é certo que durante a compressão a curva do ciclo real se ajusta bem àquela do ciclo ideal, indicando, assim, que não há transferência significativa de calor, o mesmo não se observa após a ignição. Durante o processo de combustão e expansão ocorre uma grande transferência de calor, e as perdas térmicas seriam medidas no diagrama pela área da região definida pelos pontos 3-3'-b-4"-4.

A análise que foi feita de todas as perdas, embora válida para qualquer caso, só pode ser representada no diagrama pV relativamente ao ciclo real para um motor com avanço ótimo de faísca. Em caso contrário, este procedimento não pode ser aplicado, pois, por exemplo, em caso de faísca muito atrasada a curva de expansão do ciclo real pode cruzar a curva correspondente do ciclo ideal ar-combustível.

6.4.2.4. Magnitude das perdas
Todos esses desvios apresentados não tiram o mérito dos resultados obtidos com a análise do ciclo ideal ar-combustível. Assim, de uma forma geral, pode se dizer que a eficiência dos motores automotivos, em

condições de plena carga, é cerca de 80 por cento da eficiência do ciclo ideal ar-combustível correspondente. Esses 20 por cento de diferença são atribuídos às perdas já mencionadas na seguinte proporção:

- Perda térmica   - 12 %
- Perda devida ao tempo - 6 %
- Perda na descarga   - 2 %

Estes valores são atribuídos a motores de quatro tempos.

Para motores que operam em ciclo de dois tempos deve-se prever uma perda maior de descarga. Isto ocorre devido aos requisitos do processo de lavagem, pois este processo só se inicia quando a pressão no cilindro for inferior a pressão de admissão. Então, para que consiga uma boa lavagem do cilindro é necessário antecipar a abertura das janelas de descarga e admissão.

6.4.3. Comparação entre o ciclo real e o ciclo ideal para um motor diesel.

Para efetuar uma comparação entre os ciclos real e ideal para motores Diesel precisa-se lembrar que a maioria dos motores, de média e alta rotação, seguem aproximadamente o ciclo Diesel de pressão limitada ou dual, enquanto apenas os grandes motores de baixa rotação se aproximam do ciclo de pressão constante. Em realidade os motores Diesel de média e alta rotação apresentam diagramas indicadores que se aproximam bastante daqueles do ciclo Otto. A Figura 6.8 mostra as diferenças entre o ciclo real e o ideal para um motor Diesel de alta rotação. Como pode-se concluir pela análise do diagrama, trata-se de um motor de dois tempos.

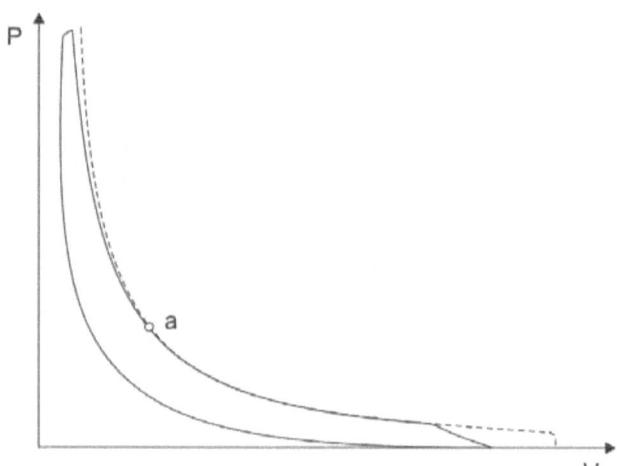

Figura 6.8. Comparação entre ciclo real e ciclo ideal para motor Diesel de alta rotação.

Para um bom entendimento do ciclo real é preciso apresentar algumas

informações sobre o processo de combustão do motor Diesel. Pode-se dividir este processo em três fases, conforme o indicado pelo diagrama (p x θ) da Figura 6.9:
- Atraso de ignição;
- Período de rápida combustão;
- Fase de combustão controlada.

Iniciada a injeção do combustível não há imediatamente a ignição da carga. Há um certo intervalo de tempo (atraso de ignição, trecho AB da curva), até que se inicie a combustão de uma forma violenta com um rápido acréscimo de pressão (trecho BC) motivado pela queima de todo o combustível que havia se acumulado no cilindro. Em seguida, há uma fase de combustão controlada (trecho CD) onde vai sendo gradualmente queimado o combustível injetado. Observar também o período de injeção (trecho AE).

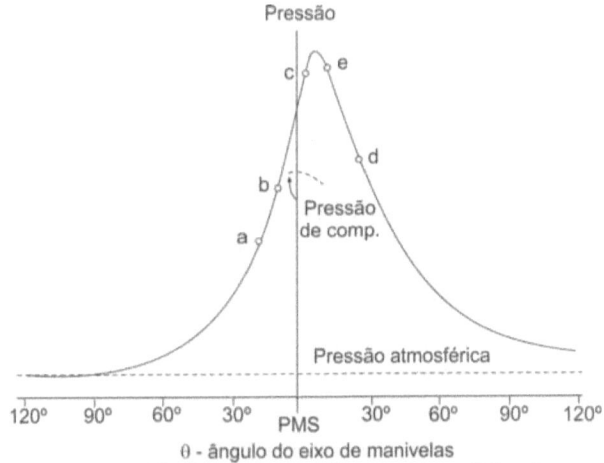

Figura 6.9. Diagrama p – θ para motor Diesel.

Portanto, voltando à Figura 6.8, o diagrama indica que no ponto **a**, onde a curva do ciclo real encontra a isoentrópica de expansão do ciclo ideal ar-combustível, a combustão ainda não terminou, pois com combustível, a combustão ainda não terminou, pois com combustão completa a tendência destas duas curvas seria de se distanciarem.

Para o motor Diesel não é tão simples representar no diagrama os desvios do ciclo real em relação ao ideal, de forma que não se assinalou no diagrama uma separação entre as perdas térmicas e as devidas ao tempo.

A duração maior ou menor de cada uma das fases da combustão aliada com o período de injeção altera sensivelmente o diagrama indicador do motor. Assim, se para um motor de baixa rotação, tivessem um longo período de injeção combinado com um pequeno atraso de ignição e início de injeção próximo ao ponto morto superior, o diagrama indicador deste motor se aproximaria bastante do diagrama de um ciclo Diesel combustível-ar, com combustão praticamente a pressão constante.

6.4.4. Processos reais de admissão e descarga

As pressões dentro do cilindro durante esses processos não são constantes, nem as aberturas e fechamento de válvulas ocorrem em posições de ponto morto, conforme foi admitido no ciclo ideal.

6.4.4.1. Motor de quatro tempos

A Figura 6.10 mostra um diagrama p-V com as curvas para os processos de descarga e admissão em um motor de quatro tempos.

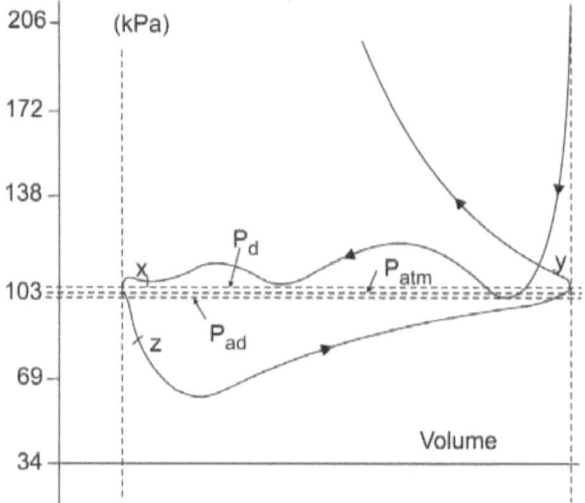

Figura 6.10. Diagrama indicador para os processos de admissão e descarga de um motor de quatro tempos.

Da observação do diagrama resultam as seguintes diferenças entre o processo real e o ideal:

a) Os eventos de válvulas não ocorrem nos pontos mortos. Nesta figura (6.10) o ponto **x** indica a abertura da válvula de admissão e **y**, o fechamento desta válvula; o fechamento da válvula de descarga se dá no ponto **z** havendo, portanto, um período em que as duas válvulas permanecem abertas – *valves overlap*.

b) A pressão no cilindro na abertura da válvula de admissão não é necessariamente P_d. No caso mostrado ela é maior, mas em alguns casos devido a efeitos dinâmicos pode ser menor.

c) A pressão no cilindro é normalmente inferior à pressão de admissão durante a maior parte do processo de admissão.

d) A pressão de compressão, neste caso, segue aproximadamente a mesma curva do caso ideal. Em alguns casos ela pode estar abaixo devido a queda de pressão através da válvula de admissão enquanto em outros casos ela pode estar acima por efeito dinâmicos.

Nesta figura (6.10) não se consegue distinguir os efeitos de transferência de calor durante a admissão. Entretanto, isto ocorre pois o orifício de admissão e as paredes do cilindro estão mais quentes que a mistura, e tem uma consequência importante sobre a potência do motor.

6.4.4.2. Motor de dois tempos

Para estes motores, a descarga dos gases e admissão da mistura ficam englobadas pelo processo de lavagem. Da mesma forma que para o motor de quatro tempos será representado em um diagrama a curva do processo de lavagem. Apenas para os objetivos visados, será utilizada a curva do processo no diagrama $p \times \theta$ da Figura 6.11.

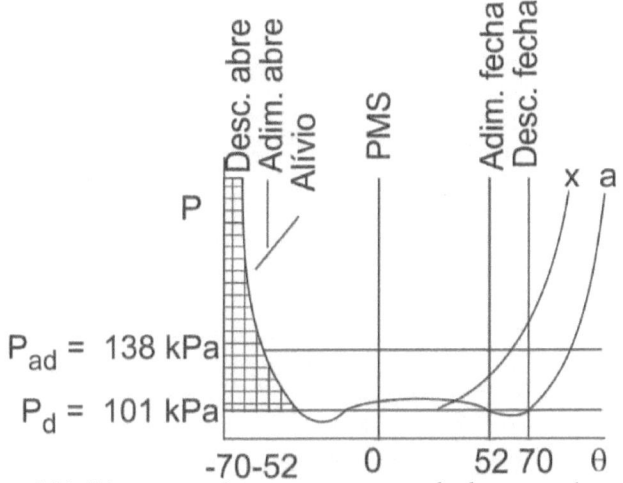

Figura 6.11. Diagrama $p \times \theta$ para os processos de descarga e lavagem.

Pode-se notar pelo exame da Figura 6.11 que, após a abertura da janela de descarga, há uma queda rápida de pressão no interior no cilindro. O ângulo de alívio é definido como o ângulo do eixo de manivelas desde a abertura da janela de descarga até que a pressão no cilindro iguale a pressão de descarga. Mesmo após o final do processo de alívio a pressão continua a cair por efeito de inércia dos gases.

Logo em seguida a abertura da janela de descarga (para este motor) ocorre a abertura da janela de admissão; assim que a pressão no cilindro caia abaixo da pressão de lavagem, inicia-se o fluxo de mistura fresca de lavagem, inicia-se o fluxo de mistura fresca e se estende até o instante em que a janela de admissão estiver aberta a pressão no cilindro não houver ultrapassado a pressão de admissão.

Enquanto a mistura fresca está sendo aspirada os gases vão sendo descarregados devido tanto à velocidade adquirida durante o processo de alívio quanto ao efeito da pressão criada no cilindro pela mistura admitida. O ângulo definido pela abertura e fechamento das janelas de descarga é chamado de ângulo de lavagem.

Observar ainda na Figura 6.11 a curva **x** que representa a curva de compressão começando em ponto morto inferior, que seria o caso de um motor a quatro tempos.

7 SISTEMAS DE PROPULSÃO DO VEÍCULO
Parâmetros de Desempenho de Motores

Uma série de parâmetros podem ser utilizados para caracterizar e medir o desempenho de um motor de combustão interna. Serão descritos aqui apenas os mais importantes.

7.1. Capacidade em Ar
No capítulo anterior, com a análise dos ciclos teóricos e reais, foram obtidos resultados que permitem prever com bastante aproximação a eficiência térmica de um motor, desde que sejam conhecidas entre outros fatores, a razão de compressão e a relação combustível-ar. Entretanto, a potência que se obtém de um motor depende não só da eficiência térmica, mas também da energia química (poder calorífico) introduzida por unidade de tempo. Assim, para se determinar a potência de um motor para uma dada condição de operação precisa-se ter uma estimativa precisa da quantidade de energia introduzida.

Por outro lado, é interessante observar que a energia química é liberada com a queima do combustível, e só pode-se queimar combustível se houver em correspondência a quantidade necessária de ar. Portanto, a limitação para a quantidade de combustível que pode ser introduzida eficientemente no cilindro é estabelecida pela massa de ar que o motor aspirar.

A massa de ar que um motor pode aspirar por unidade de tempo é designada por capacidade em ar do motor. Este parâmetro depende das condições de projeto bem como das condições de operação do motor. Assim, a capacidade em ar do motor depende do ciclo de operação – dois ou quatro tempos – e das condições de aspiração – normal ou superalimentação. Apesar da diferença básica nos processos de admissão para motor Diesel e motor a gasolina – aspiração de ar em um caso e aspiração de mistura ar-combustível em outro – aplica-se o mesmo procedimento para o cálculo da capacidade em ar. Na prática, a quantidade de ar que um motor a gasolina pode aspirar não é afetada pela presença de combustível na mistura. A razão para este fato é que, embora a presença do combustível aumente em dois por cento do volume da mistura, a evaporação do combustível durante o processo de admissão provoca uma queda de temperatura com consequente redução do volume específico da mistura.

A influência da capacidade em ar de um motor sobre a potência produzida pelo motor pode ser analisada através da seguinte expressão:

$$i.h.p = k \cdot \dot{m}_{ar} \cdot F \cdot Q_P \cdot \eta_t \tag{7.1}$$

onde:
i.h.p. é a potência indicada obtida pela integração do diagrama indicador;
$\dot{m}_{ar}$ é a capacidade em ar do motor;
F é a razão combustível-ar, em massa, da mistura que o motor utiliza;
Q_P é o poder calorífico do combustível;
η_t é a eficiência térmica do ciclo motor;
K é uma constante que depende das unidades.

7.1.1. Estimativa da capacidade em ar
Uma vez que a potência que o motor pode desenvolver é função da capacidade em ar, torna-se interessante obter uma estimativa para este parâmetro. Considerando o motor como uma bomba de ar, é evidente que o volume de ar aspirado é aproximadamente igual ao número de cursos de admissão multiplicado pelo volume de deslocamento do êmbolo V_d. De uma força geral, tem-se:

$$V'\_ar = N / x . z . V\_d \tag{7.2}$$

onde:
V'_ar é o volume de ar aspirado por unidade de tempo (minuto, no caso);
N é o número de rotações por minuto do motor;
Z é o número de cilindros;
x é um fator que depende do tipo de motor; é igual a 1 para motor de dois tempos e vale 2 para motor de quatro tempos.

A massa de ar aspirada por unidade de tempo pode ser obtida

multiplicando-se o volume de ar aspirado neste intervalo pela densidade. A seção de admissão pode ser escolhida onde for mais conveniente. Em motores de aspiração normal refere-se, normalmente, às condições de admissão como sendo aquelas do recinto onde está instalado o motor. Para motores superalimentados ou estrangulados, isto é, com restrição na aspiração, as condições de admissão são aquelas do coletor de admissão. Como já foi mencionado que a influência do combustível sobre a capacidade em ar de um motor é desprezível, pode-se aplicar tanto para motores diesel como a gasolina a seguinte expressão:

$$(\dot{m}_{ar})_{ideal} = \frac{N}{x} \cdot Z \cdot V_d \cdot \rho_{ad} \qquad (7.3)$$

onde:

ρ_{ad} é a densidade do ar na (de) admissão.

Em um motor real, entretanto, o ar de admissão pode absorver calor da válvula de admissão ou de outras partes quentes do moto; pode ocorrer ainda um estrangulamento no sistema de admissão, ou qualquer outro evento pode tornar a densidade do ar que é admitida no cilindro, diferente de ρ_{ad}. Além disso, a quantidade de ar retida no cilindro pode ser diferente da quantidade aspirada (motor de dois tempos). Assim, a capacidade em ar real é usualmente menor que a ideal.

Serão definidos a seguir os parâmetros que determinas a capacidade em ar real para motores de quatro de dois tempos.

7.2. Eficiência Volumétrica

Este é um dos parâmetros importantes de desempenho dos motores de quatro tempos. Apesar do nome, eficiência volumétrica é uma relação entre massas. Ela é, por definição, a razão entre a quantidade de ar realmente admitida no cilindro e a quantidade de ar que nas condições de admissão preencheria o volume de deslocamento dos cilindros. Assim, tem-se:

$$\eta_v = \frac{\dot{m}_{ar}}{(\dot{m}_{ar})_{ideal}} = \frac{\dot{m}_{ar}}{\frac{N}{x} \cdot Z \cdot V_d \cdot \rho_{ad}} \qquad (7.4)$$

onde:

η_v é eficiência volumétrica do motor.

Se for definido ρ_{cil} como sendo a razão entre a massa de ar que entra no cilindro e o volume de deslocamento V_d, então:

$$\eta_v = \frac{\rho_{cil}}{\rho_{ad}} \tag{7.5}$$

Portanto, para o cálculo da capacidade de ar em um motor para dadas condições de admissão, é necessário conhecer a eficiência volumétrica.

$$\dot{m}_{ar} = \frac{N}{2} \cdot z \cdot V_d \cdot \rho_{ad} \cdot \eta_v \tag{7.6}$$

A Equação (7.1) poderia ser colocada de outra forma:
$$ihp = k_1 \rho_{ad} NFQ_p \eta_t \eta_v \tag{7.7}$$

onde
k_1 é uma constante que engloba as características do motor.

Se o motor girasse de forma suficientemente lenta, de modo que não houvesse queda de pressão no coletor de admissão e de descarga fossem iguais, se as válvulas se abrissem e fechassem em posições de ponto morto, e se a temperatura do ar na admissão fosse bastante alta de forma a não absorver calor do motor, então a eficiência volumétrica seria igual a 1,0. Isto, entretanto, não ocorre.

A eficiência volumétrica depende das características de projeto do motor. Para um dado motor a eficiência volumétrica depende das condições de operação.

7.2.1. Influência das condições de projeto
Entende-se por projeto a especificação da forma geométrica de cilindro, válvulas, cames, sistemas de admissão e descarga, além da lista de materiais. Motores de tamanhos diferentes, mas com mesmas formas geométricas e mesmos materiais constituem um mesmo projeto.

Entre os diversos fatores de projeto que influem sobre a eficiência volumétrica do motor destacam-se os seguintes:
- regulagem das válvulas;
- capacidade da válvula de descarga;
- projeto do sistema de admissão;
- comprimento da tubulação de descarga.

7.2.1.1. Regulagem das válvulas
As duas características da regulagem de válvulas que em importante efeito sobre a eficiência volumétrica são o *valve overlap* (período em que as válvulas de admissão e descarga permanecem abertas simultaneamente) e ângulo de fechamento da válvula de admissão.

7.2.1.2. Capacidade da válvula de descarga
A relação entre a capacidade (fluxo através) da válvula de descarga e a capacidade da válvula de admissão exerce influência sobre a eficiência volumétrica.

7.2.1.3. Projeto do sistema de admissão
O efeito do projeto do sistema de admissão, comprimento e diâmetro da tubulação, sobre a eficiência volumétrica está associado a relação entre forças de inércia e elásticas presentes no escoamento.

Há ainda a considerar o efeito de se ter diversos cilindros conectados a um mesmo coletor de admissão.

7.2.1.4. Comprimento da tubulação de descarga
Para uma dada condição de operação do motor o comprimento da tubulação de descarga pode ter um efeito apreciável sobre a pressão no cilindro por ocasião da abertura da válvula de admissão. Entretanto, a influência sobre a eficiência volumétrica é menor que a atribuída a tubulação de admissão.

7.2.2. Influência das condições de operação
A variação da eficiência volumétrica pode ocorrer devido a modificação da temperatura de admissão, ou da razão entre as pressões no coletor de admissão e descarga que constituem os efeitos chamados estáticos. Por outro lado, existem também os efeitos dinâmicos que atuam sobre a eficiência volumétrica. Assim é que para rotações normais do motor a inércia e o atrito fluido dos gases nos coletores de admissão e descarga em conjunção com a regulagem das válvulas conduzem a uma desigualdade de pressão ao longo do sistema de admissão. Costuma-se admitir, isto é bastante razoável, que os efeitos estáticos e dinâmicos sejam independentes.

7.2.2.1. Efeitos estáticos
Os fatores de operação chamados estáticos, que influem sobre a eficiência volumétrica são a temperatura de admissão e a razão entre pressão de admissão e pressão de descarga.

Quando se aumenta a temperatura de admissão há um aumento da eficiência volumétrica. Isto ocorre pois, nestas condições, o ar absorve uma menor quantidade de calor das paredes da tubulação de admissão. Em consequência tem-se ρ_{cil} mais próximo de ρ_{ad}, ou seja, um aumento da eficiência volumétrica. É importante ressaltar que apesar da elevação, há nesta condição um decréscimo de $\dot{m}_{ar}$.

Quando se aumenta a razão entre pressão de descarga e pressão de admissão $\left(P_d/P_{ad}\right)$ há uma redução da eficiência volumétrica do motor. Esta queda pode ser explicada, simplificadamente, da seguinte forma. Se a pressão de admissão é igual é compressão de descarga os gases residuais, que ocupam o volume de folga V_o, não sofrem nenhuma transformação quando se processa a admissão de ar. Nestas condições, tem-se certo valor para a eficiência volumétrica. Entretanto, se a pressão de descarga é superior a de admissão $\left(P_d > P_{ad}\right)$ ocorre uma expansão dos gases residuais quando a válvula de admissão abre, de forma que o volume ocupado pelos gases passa a ser $V_o'(V_o' > V_o)$. Em consequência, uma menor quantidade de ar pode ser introduzida no cilindro; ou seja, há uma queda na eficiência volumétrica.

7.2.2.2. Efeitos dinâmicos

A influência dos fatores dinâmicos pode ser caracterizada através de um único parâmetro – velocidade média do pistão ou rotação do motor. A velocidade de escoamento do fluido na tubulação de admissão é função direta da velocidade do pistão e da relação entre a área do pistão e área da tubulação. As diversas forças que estão presentes no escoamento dependem da magnitude da velocidade do fluido.

A Figura 7.1 mostra o efeito da velocidade do pistão sobre a eficiência volumétrica. Esta curva se aplica a motores comerciais onde a válvula de admissão fecha depois de ponto morto inferior.

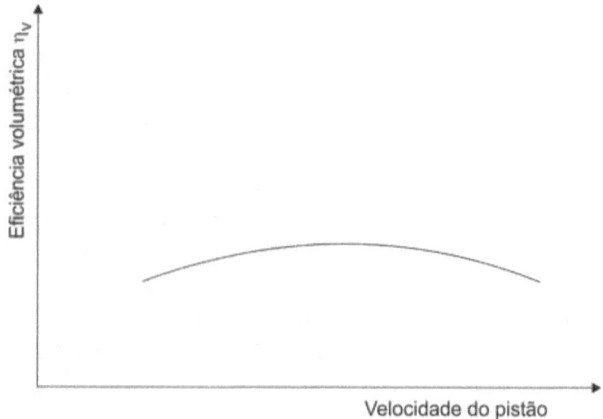

Figura 7.1. Efeito da velocidade do pistão sobre a eficiência volumétrica.

7.3. Eficiência de Lavagem

Em correspondência a eficiência volumétrica para motores a quatro tempos, define-se para os motores de dois tempos a eficiência de lavagem. Este parâmetro é definido como a razão entre o ar retido no cilindro e a capacidade em ar ideal do cilindro.

$$\eta_{lav} = \frac{(\dot{m}_{ar})_{retido}}{(\dot{m}_{ar})_{ideal}} \tag{7.8}$$

A capacidade em ar ideal de um motor a dois tempos tem uma definição ligeiramente diferente daquela de um motor de quatro tempos. Como o processo de descarga dos gases não é controlado pelo movimento do pistão, mas pelo fluxo do ar de lavagem, não há necessariamente uma quantidade de gases residuais ocupando o volume de folga V_o. Assim, o volume que pode ser ocupado pelo ar de lavagem é igual ao volume total do cilindro V_t.

Como:

$$V_t = V_d + V_o \tag{7.9}$$

onde **r** é a razão de compressão. A capacidade em ar ideal de um motor de dois tempos é dada por:

$$(\dot{m}_{ar})_{ideal} = N\, Z \frac{r}{(r-1)} V_d \rho_{ad} \tag{7.10}$$

A comparação das Equações (7.9) e (7.10) mostra que a capacidade em ar ideal de um motor de dois tempos é maior que o dobro daquela de um motor de quatro tempos de mesmas dimensões.

Analogamente ao que ocorre com a eficiência volumétrica, a eficiência de lavagem é influenciada pelas condições de projeto e pelas condições de operação de um motor. Entretanto, um dos principais fatores que influenciam a eficiência de lavagem é a razão de lavagem definida abaixo.

7.3.1. Razão de lavagem

Em um motor de quatro tempos, a não ser para grandes períodos de *overlap*, todo o ar que entra no cilindro é retido, isto é, não há escape do ar pela válvula de descarga. Para um motor de dois tempos, entretanto, como as janelas de lavagem e de descarga permanecem abertas simultaneamente, é impossível evitar que uma parte do ar (ou mistura) deixe o cilindro. Quanto maior for a quantidade de ar introduzida no cilindro, maior será a fração de ar perdida através da válvula (janela) de descarga. A potência desenvolvida por um motor de dois tempos, portanto, não é proporcional à quantidade de ar introduzida no cilindro, mas à quantidade de ar retida.

Define-se, inicialmente, razão de lavagem ($R_{lav.}$) em um motor de dois tempos como a relação entre a quantidade de ar introduzida no cilindro e a capacidade em ar ideal do motor. Assim, tem-se:

$$R_{lav.} = \frac{\dot{m}_{ar}}{NzV_d \dfrac{r}{r-1}\rho_{ad}} \qquad (7.11)$$

Para assegurar um processo de lavagem satisfatório a maioria dos motores de dois tempos requer razões de lavagem de cerca 1,2. Valores maiores que este resultam em perda excessiva de ar (mistura) através do orifício de descarga e exigem altas pressões de lavagem.

A potência fornecida por um motor de dois tempos pode ser colocada da seguinte forma:

$$ihp = K_2\rho_{ad}NFQ_p\eta_t n_{lav} \qquad (7.12)$$

onde K_2 é uma constante que engloba as características do motor.

7.3.2. Relação entre eficiência de lavagem e razão de lavagem

A potência indicada de um motor de dois tempos depende da eficiência de lavagem. Este parâmetro, por sua vez, depende da razão de lavagem. À relação entre a quantidade de ar introduzida no cilindro e a quantidade de ar retida, isto é, a relação entre a razão de lavagem e a eficiência de lavagem depende da forma e arranjo das janelas de lavagem e descarga, de forma da cabeça do pistão, do cabeçote do cilindro, da câmara de combustão e da regulagem das janelas, da rotação do motor, etc.

A Figura 7.2 é utilizada para ilustrar a variação da eficiência de lavagem em razão de lavagem. Nesta figura são mostradas quatro curvas, três delas correspondendo a condições teóricas para o processo de lavagem.

A curva **A** representa um processo perfeito de lavagem, onde o ar (mistura) admitido no cilindro não se misturaria com os produtos de combustão, não escapando, assim, através da janela de descarga; todo o ar admitido ficaria retido no cilindro. Para uma razão de lavagem igual a 1,0 a eficiência de lavagem seria 1,0 e não permaneceria nenhum gás residual no cilindro. Desta forma, não haveria necessidade de se utilizar razões de lavagem superior a 1,0, uma vez que a quantidade adicional de ar sairia pelas janelas de descarga.

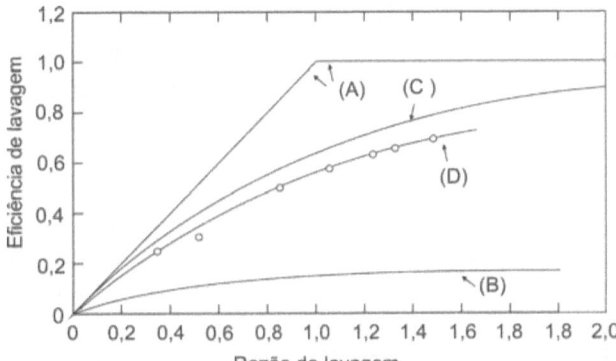

Figura 7.2. Curvas teóricas e real da eficiência de lavagem em função da razão de lavagem.

A curva **B** representa a condição oposta, em que todo o ar admitido cruza o cilindro sem efetuar a lavagem dos gases e sai através do orifício de descarga. Isto corresponde a uma condição de "curto circuito" e resulta em uma eficiência bem baixa de lavagem para qualquer valor da razão de lavagem.

A curva **C** representa uma terceira hipótese, em que assim que entre no cilindro o ar se difunde e se mistura completamente com os gases residuais. Neste caso, uma parte do ar deixa o cilindro com os gases enquanto outra parte permanece.

Nos motores de dois tempos o processo de lavagem compreende cada um dos três processos teóricos representados pelas curvas **A**, **B** e **C**. Em outras palavras. Há uma parte de ar que empurra os gases sem se misturar, uma parte de ar que se mistura com os gases e uma parte de ar que realiza um "curto circuito". Esta condição é representada pela curva **D** da Figura 7.2.

7.4. Potência Indicada e Potência no Freio.

Como ficou ressaltado através da Equação (7.1), a potência indicada (i.h.p.) de um motor está diretamente relacionada com a capacidade em ar do motor:

$$i.h.p. = K\dot{m}_{ar}FQ_P\eta_t \tag{7.13}$$

A potência indicada é, portanto, calculada baseando-se apenas no ciclo de operação do motor. Entretanto, a potência obtida de um motor em um ensaio num banco de provas difere sensivelmente da potência indicada. A esta potência, obtida em teste, dá-se o nome de potência no freio, bhp (*brake horse power*).

A diferença entre aa potência indicada e a potência medida no freio é a potência de atrito, f.h.p. (*friction horse power*) e é consumida para vencer o atrito nos mancais, pistões e outras partes mecânicas do motor; é costume também, incluir na potência de atrito a potência requerida para executar o trabalho de bombeamento (admissão de ar ou ar-combustível e descarga dos gases).

$$\text{fhp} = \text{ihp} - \text{bhp} \tag{7.14}$$

É difícil de se determinar experimentalmente a potência de atrito porque não há nenhum método direto de medida. Além disto, há variações entre as condições de teste e as de operação do motor. A aproximação comumente utilizada para motores de alta rotação consiste em se arrastar o motor com um dinamômetro elétrico (não há combustão nos cilindros) e considerar o f.h.p. como a potência requerida pelo dinamômetro para um dado conjunto de condições: temperatura de óleo, rotação, etc.

Chama-se de eficiência mecânica do motor a razão entre a potência no freio e a potência indicada.

$$\eta_m = \frac{\text{b.h.p.}}{\text{i.h.p.}} \tag{7.15}$$

7.5. Pressão Média Efetiva e Torque

Em seção anterior, na apresentação dos ciclos combustível-ar, foi definida a pressão média efetiva. Este é um parâmetro de grande importância para definição do projeto do motor. Costuma-se usar duas designações diferentes para o parâmetro, conforme ele esteja relacionado com a potência indicada ou com a potência no freio. A rigor, de acordo com à definição apresentada na seção anterior, o que existe é média efetiva indicada.

Existe uma relação entre a potência e a pressão média efetiva de um motor, conforme expressa pela relação (7.16).

$$\text{Potência} = \bar{p} \, AL \, z \frac{N}{x} \tag{7.16}$$

onde $\bar{p}$ é a pressão média efetiva; e o produto **AL**: **A** área do pistão, **L** curso do pistão, representa o volume de deslocamento (usualmente o produto **ALz** é conhecido como cilindrada).

A Equação (7.14) pode ser usada para relacionar a potência indicada ou a potência no freio. De fato, (7.14) pode ser empregada para calcular a potência indicada a partir da medida da pressão indicada, ou em forma inversa para calcular a pressão média efetiva no freio em função da potência obtida no freio (dinamômetro).

De acordo com as definições apresentada para a pressão média efetiva, é possível expressar a eficiência mecânica de um motor da seguinte forma:

$$\eta_m = \frac{\overline{P}_b}{\overline{P}_i} \qquad (7.17)$$

onde os índices **b** e **i** se referem a freio e indicada, respectivamente.

Outro parâmetro também utilizado para caracterizar o desempenho de um motor é o torque que ele fornece a ponta do eixo. O emprego deste fator é, sobretudo, difundido para motores automotivos. Existe uma relação entre torque produzido pelo motor e a pressão média efetiva no freio. Partindo da relação:

$$\text{Potência no freio} = 2\pi N \qquad (7.18)$$

onde **Q** é o torque medido no eixo do motor.

$$\overline{P}_b = \frac{2\pi Q}{ZV_d} x \qquad (7.19)$$

Pode-se modificar ainda a relação acima para expressar o torque medido em função da pressão média efetiva indicada.

$$Q = \frac{\overline{P}_i z V_d \eta_m}{2\pi x} \qquad (7.20)$$

Pelo exame da Equação (7.20) percebe-se que o torque desenvolvido por um motor depende de suas dimensões. Neste sentido, o torque não é um parâmetro tão conveniente quanto a pressão média efetiva para caracterizar o desempenho do motor.

7.6. Consumo Específico de Combustível

O consumo específico de combustível de um motor, definitivo como a quantidade de combustível necessária para fornecer potência unitária durante um dado intervalo de tempo, está diretamente relacionada com a eficiência térmica do motor e com o poder calorífico do combustível. O consumo específico de combustível é, portanto, um parâmetro comparativo que mostra quão eficientemente um motor está consumindo combustível para realizar trabalho.

É mais interessante usar este parâmetro ao invés da eficiência térmica para caracterizar a economia de operação de um motor pois a determinação do consumo específico em um ensaio depende apenas de medidas de tempo, potência e peso.

Como foi mencionado, o consumo específico depende do poder calorífico e, portanto, do combustível que está sendo empregado. Assim, a especificação do consumo específico de um motor, deve ser referida ao tipo de combustível usado.

O consumo específico de combustível de um motor (c.e.c) pode ser calculado através de:

$$\text{c.e.c.} = \frac{\dot{m}_{comb}}{\text{potência fornecida}} \qquad (7.21)$$

onde $\dot{m}_{comb}$ é o fluxo mássico do combustível.

A eficiência térmica do ciclo motor, por outro lado está relacionada com a potência produzida e o poder calorífico do combustível, Q_p, através de:

$$\eta_t = \frac{\text{potência}}{\dot{m}_{comb} Q_p} \qquad (7.22)$$

Pode-se, então, estabelecer uma relação entre eficiência térmica e consumo específico de combustível.

$$\eta_t = \frac{1}{(\text{c.e.c}) Q_p} \qquad (7.23)$$

Nas expressões acima o consumo específico de combustível e a eficiência térmica podem estar relacionadas tanto com a potência indicada recebendo, portanto, a designação correspondente.

7.7. Outros Parâmetros

Além dos parâmetros já citados outros também são utilizados para avaliar o projeta ou desempenho do motor, assim, por exemplo, são empregados os seguintes fatores:
  a) Peso específico é a relação entre o peso do motor e a sua potência; é um parâmetro de grande importância para implicação veicular;
  b) Potência específica: expressa a potência fornecida pelo motor por unidade de área de pistão; é um fator de grande significado, pois indica como está sendo utilizada a área dos pistões para produzir trabalho;

c) A potência específica de um motor é proporcional ao produto da velocidade média do pistão pela pressão média efetiva estando, portanto, relacionada com o estado de tensões no motor.

7.8. Fatores de Correção

O desempenho de um motor pode ser avaliado através de ensaios realizados em um banco de testes. São prescritas as condições sob as quais devem ser conduzidos os testes. Em particular, como o desempenho do motor depende das condições atmosféricas, são estabelecidos os valores padrões de pressão, temperatura e unidade. Se o ensaio é realizado em condições diferentes, devem ser aplicados fatores de correção para reduzir os resultados observados às condições-padrão especificadas.

O trabalho indicado de um motor é diretamente proporcional á sua capacidade em ar – Equação (7.1) – ou, em outros termos, proporcional à densidade do ar de admissão e a eficiência volumétrica (motores de quatro tempos) ou a eficiência de lavagem (motor de dois tempos) – Equação (7.7) e (7.12), respectivamente.

Para um motor de quatro tempos, admitindo que se mantenham constantes a razão combustível-ar e a eficiência térmica, a potência indicada do motor, para diferentes condições atmosféricas, apresentaria a seguinte variação:

$$\frac{ihp_2}{ihp_1} = \frac{\rho_{ad_2}}{\rho_{ad_1}} \cdot \frac{\eta_{v_2}}{\eta_{v_1}} \qquad (7.24)$$

ou, então, em vista da variação de cada uma das parcelas acima:

$$\frac{ihp_2}{ihp_1} = \frac{(B_1 - B_{v_1})T_2}{(B_2 - B_{v_2})T_1} \sqrt{\frac{T_2}{T_1}} \qquad (7.25)$$

onde
B é a pressão atmosférica;
B$_v$ é a pressão de vapor de água na atmosférica;
T é a temperatura atmosférica.

Se a condição 1 for tomada como condição padrão, índice, a potência desenvolvida por um motor na condição 2 (índice **t**) deve ser reduzida á condição padrão através da aplicação do seguinte fator de correção:

$$CF = \frac{(B_s - B_{v_s})}{(B_t - B_{v_t})} \sqrt{\frac{T_t}{T_s}} \qquad (7.26)$$

Então, a potência indicada reduzida é obtida, a partir do valor medido em ensaio, através de:

$$(ihp)_c = ihp_t CF \tag{7.27}$$

Para corrigir a potência no freio admite-se que a potência de atrito é a mesma, tanto nas condições de teste como na condição atmosférica padrão. Assim tem-se:

$$bhp_c = (bhp_t + fhp)CF - fhp \tag{7.28}$$

A aplicação dos fatores acima indicados aos resultados dos testes realizados com motores deve ser analisada em vista das hipóteses admitidas.

No caso de motor de ignição por faísca (motor Otto) a razão combustível-ar caracteristicamente permanece constante. Neste caso, pode-se admitir que a eficiência térmica também não é afetada por alterações na pressão, temperatura e umidade atmosférica. Esta hipótese só é válida se a faixa de condições ambientais envolvida é suficientemente pequena, de modo que as características de combustão do motor não sejam afetadas. Esta faixa é especificada por normas técnicas pertinentes (A.B.N.T e S.A.E).

Desta forma, para o motor de ignição por faísca aplicam-se as equações (7.24) a (7.26) para o cálculo de potência. Para o cálculo do consumo específico de combustível, entretanto, não se aplica nenhum fator de correção. De fato, não se conhece a maneira exata como as condições atmosféricas afetam o consumo de combustível.

Para o motor de ignição por compressão (motor diesel) a razão combustível-ar não permanece constante, uma vez que usualmente é fixada a posição (vazão) da bomba injetora. Deste modo, o procedimento anterior não deve ser aplicado. Apenas, quando se deseja determinar a potência disponível sob condições atmosféricas padrão e com o mesmo nível de fumaça, é que se aplicam as equações (7.24) a (7.26) para cálculo de potência. São descritos abaixo dois procedimentos para correção de potência e consumo de combustível que se aplicam a motores Diesel.

De acordo a mesma SAE J270 o procedimento para redução dos resultados de ensaio às condições padrão baseia-se na hipótese de que a eficiência térmica se mantém constante para uma dada razão combustível-ar, independente de varações nas condições atmosféricas. De forma análoga ao que foi mencionado para motores Otto, isto só vale para uma estreita faixa de condições ambientais. Nestas condições, é definido um fator de correção:

$$CF = \frac{(B_s - B_{v_s})}{(B - B_v)} \left(\frac{T}{T_s}\right) \cdot 0,07 \qquad (7.29)$$

Como o motor opera com vazão de combustível constante, o fator de correção deve ser utilizado conjuntamente com o seguinte procedimento.

Para as condições atmosféricas de ensaio, a potência do motor e a vazão de combustível devem ser medidos, para três posições de injeção na mesma rotação. Um ponto de ensaio deve ser o da posição de injeção de combustível desejada. Quando a densidade do ar no ensaio for inferior a densidade padrão, os outros dois pontos devem ser para injeções de combustível aproximadamente 5 e 10 % menores. Quando a densidade do ar é maior que a densidade padrão, os dois outros pontos devem estar a injeções de combustível aproximadamente 5 a 10 % mais altas. Para os pontos escolhidos para ensaio deve ser calculado o consumo específico indicado de combustível, (c.e.c), e construído o gráfico da Figura 7.3.

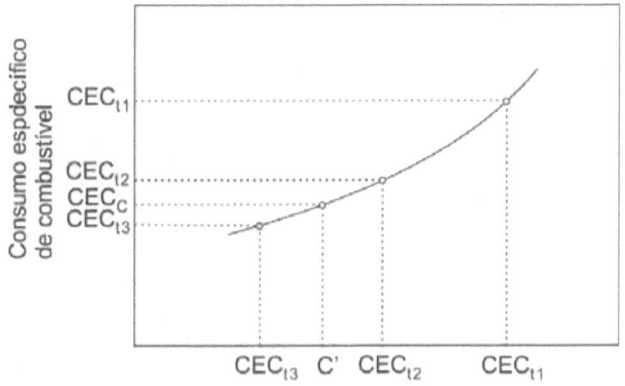

Figura 7.3. Método para estabelecimento de consumo de combustível para correção de potência.

O consumo específico indicado de combustível é corrigido através da Figura 7.3, utilizando-se como vazão de combustível.

$$\dot{m}_{comb} = \frac{(\dot{m}_{comb})_t}{CF} \qquad (7.30)$$

A potência no freio do motor é corrigida, então, através de:

$$(bhp)_c = \frac{(\dot{m}_{comb})_t}{(c.e.c)_t} - (fhp)_t \qquad (7.31)$$

O consumo de combustível nas condições padrão é por definição o mesmo que nas condições de teste

$$(\dot{m}_{comb})_c = (\dot{m}_{comb})_t \qquad (7.32)$$

Assim, o consumo específico de combustível no freio corrigido é dado por:

$$(c.e.c)_{bc} = \frac{(\dot{m}_{comb})_c}{(bhp)_c} \qquad (7.33)$$

De acordo com as normas da ABNT, a redução dos resultados de ensaio de motores Diesel às condições atmosféricas padrão é feita de dois modos diferentes, conforme se mantenha razão combustível-ar constante ou injeção de combustível constante. No primeiro caso define-se um fator de correção.

$$CF = \frac{(B_s - B_{v_s})}{(B_t - B_{v_t})} \cdot \frac{T_t}{T_s} \qquad (7.34)$$

O cálculo de potência reduzida é efetuado com o emprego das equações (7.25) e (7.26). O consumo de combustível reduzido através de:

$$(\dot{m}_{comb})_c = (\dot{m}_{comb})_t \cdot CF \qquad (7.35)$$

e o consumo específico é obtido por meio de:

$$(c.e.c)_{bc} = \frac{(\dot{m}_{comb})_c}{(bhp)_c} \qquad (7.36)$$

Para condição de injeção de combustível constante utiliza-se procedimento semelhante ao recomendado pelo SAE, norma J 270, porém com fator de correção dado por (7.31).

A Tabela 7.1 indica as condições padrão estabelecidas por normas da ABNT e da SAE.

7.9. Testes de Motores

7.9.1. Testes de motores de ignição por faísca

Os motores de ignição por faísca, utilizados em aplicação veicular, são submetidos a teste de plena carga. Para a realização deste teste com um motor, a borboleta do acelerador é totalmente aberta e mantem-se a rotação mais baixa desejada através do freio ou de ajustamento da carga externa. Regula-se a faísca (em caso de se dispor de regulagem manual) para se obter a máxima potência para esta rotação. Deixa-se o motor funcionar até que as temperaturas da água de resfriamento e do óleo lubrificante atinjam os valores definidos para operação. A partir deste instante passa-se a medir o consumo de combustível durante um intervalo pré-fixado, ao mesmo tempo em que se registra a rotação média mantida durante este período, a carga no freio, as temperaturas, etc. Devem-se registrar todos os itens necessários para o cálculo dos resultados desejados e aqueles necessários para a reprodução do teste.

Tabela 7.1. Condições padrão para testes de motores.

PROPRIEDADES	NORMAS	
	ABNT	SAE
Pressão atmosférica (kPa)	99,5	99
Pressão de vapor (kPa)	1,33	1,3
Temperatura (°C)	30	29,4

Depois de terminada esta corrida, ajusta-se o freio até que se atinja uma nova rotação desejada e repete-se a experiência. Os resultados colhidos durante o desenvolvimento do teste são colocados em forma de gráfico em função da rotação – são as curvas características do motor. A Figura 7.4 mostra as curvas características de um motor a gasolina, a plena carga, ou seja, com borboleta de acelerador totalmente aberta.

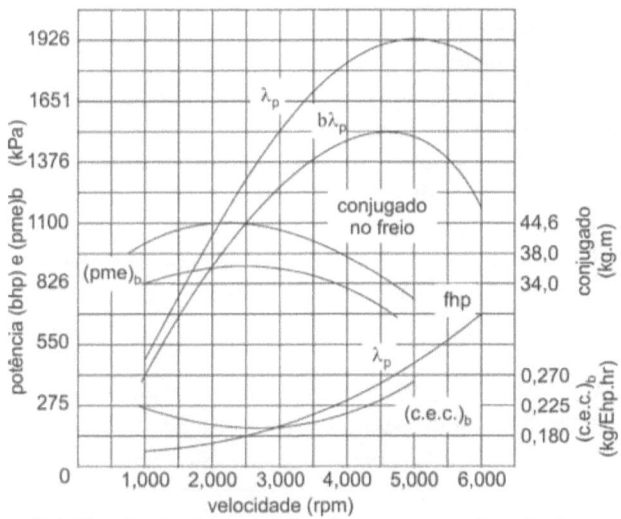

Figura 7.4. Ensaio de desempenho de um motor Otto à plena carga.

As seguintes observações podem ser feitas a partir do exame da Figura 7.4:

- o conjugado e a pressão média efetiva no freio, embora não dependam explicitamente, variam com a rotação. Esta variação se deve basicamente às variações que apresentam a eficiência volumétrica e a eficiência mecânica com a rotação. Notar que a partir de (7.7), (7.14) e (7.15) pode-se chegar a:

$$\overline{P} = k_3 \rho_{ad} F Q_p \eta_t \eta_v \eta_m \qquad (7.37)$$

- se forem ensaiados dois motores geometricamente semelhantes, a curva de conjugado mostrará uma variação proporcional a cilindrada – Equação (7.18). A pressão média efetiva, no entanto, que é um conjugado específico, não apresentará alteração;
- os máximos das curvas de conjugado e pressão média efetiva situam-se, usualmente, a uma rotação correspondente a aproximadamente 50 % da rotação de potência máxima;
- a curva de potência no freio do motor variaria livremente com a rotação, se fossem mantidas constantes as eficiências térmica, volumétrica e mecânica. À variação das eficiências volumétrica e mecânica é que determina a forma da curva de potência;
- a rotação de mínimo consumo específico de combustível situa-se, usualmente, próximo ao ponto médio da faixa de rotações. O consumo específico está relacionado com a eficiência térmica do motor que atinge um máximo de 30 %;
- a potência de atrito (f.h.p) cresce rapidamente para altas rotações e com isto cai a eficiência mecânica.

Um motor de ignição por faísca pode também ser submetido a m teste de carga parcial com velocidade variável. Neste caso, o objetivo principal do ensaio é o levantamento da curva de consumo específico. Para a realização deste teste, define-se a fração de carga a ser mantida no ensaio, como porcentagem da potência máxima em cada rotação. Assim, por exemplo para meia carga, é efetuada para cada rotação uma ajustagem da borboleta do acelerador e do freio, de tal forma que se obtenha metade da potência máxima. São efetuadas medições das variáveis de interesse, conforme mencionado para o teste de plena carga.

7.9.2. Teste de motor de ignição por compressão com rotação variável

Os motores Diesel, empregados em aplicação veicular, são também submetidos a teste de plena carga com rotação variável. A realização de ensaio de plena carga com motor Diesel contrariamente ao que ocorre com o motor a gasolina, exige uma definição precisa das condições que serão impostas em ensaio. Neste caso, a quantidade de ar é fixa e o controle de potência se faz através de variação da injeção de combustível. Especialmente para motores de aspiração normal o que se faz é injetar a máxima quantidade de combustível que o motor pode queimar de um modo eficiente. Esta condição é atingida quando a presença de fumaça nos gases de descarga do motor indica que está havendo perda de combustível injetado. Como a quantidade máxima de combustível que pode ser queimada eficientemente pode variar com a rotação, a realização do teste exige um ajuste cuidadoso e, até certo ponto, subjetivo (depende da coloração dos gases) para cada rotação.

Para se determinar a máxima potência que se pode obter do motor, a uma dada rotação, aumenta-se a quantidade de combustível injetado, com aumento do conjugado do motor, mantendo-se constante a rotação através de um ajuste do freio – aumento do conjugado da carga. Atingido o ponto de máxima injeção de combustível (coloração cinza azulada dos gases de descarga), deixa-se o motor funcionar durante um certo intervalo de tempo até que a água de resfriamento e o óleo lubrificante atinjam as temperaturas recomendadas para operação. A partir deste instante passa-se a medir o consumo de combustível durante um intervalo pré-estabelecido, ao mesmo tempo que se registra a rotação média mantida ao longo do período, a carga do freio, as diversas temperaturas, pressões (diagrama indicado), etc. Deve-se registrar todos os itens necessários para o cálculo dos resultados desejados e aqueles necessários para a reprodução do teste.

Depois de terminada es corrida, ajusta-se o freio até que se atinja uma nova rotação e repete-se a sequência de operações. A Figura 7.5 mostra as curvas de potência e consumo específico de combustível, obtidas para duas condições diferentes de teste. Em uma delas procurou-se atingir a máxima potência do motor e os gases de descarga apresentam uma coloração cinza azulada. Para o outro caso, limitando-se a injeção de combustível de forma a obter os gases com coloração cinza clara, obtém-se uma redução da potência, mas há também uma redução do consumo específico (com mistura mais pobre consegue-se uma eficiência térmica mais alta).

Um fabricante pode fornecer as curvas de teste mostrando potência apreciáveis em todas as velocidades, mais tais curvas não podem ser comparadas com outras a menos que os níveis de coloração da fumaça sejam idênticos. Deve-se observar que a cor da fumaça não é um índice absoluto do nível de carga, porque a fumaça pode resultar de outras condições, tais como uma atomização inadequada, injeção muito atrasada, compressão inadequada, e uma alimentação diferente de combustível para os diferentes cilindros, Entretanto, para um motor em boas condições, a indicação da fumaça pode ser considerada um índice relativamente satisfatório do carregamento.

Uma outra forma de realizar o teste de plena carga em motores Diesel consiste em injetar uma quantidade de combustível constante por ciclo independente de rotação. Neste caso, a bomba injetora é posicionada em uma dada posição – máxima injeção de combustível que se mantém constante ao longo do ensaio. É, portanto, semelhante ao teste de plena carga de motor de ignição por faísca em que a borboleta permanece totalmente aberta. Nestas condições de teste a coloração dos gases de descarga pode mudar durante o ensaio, sendo diferente para cada rotação.

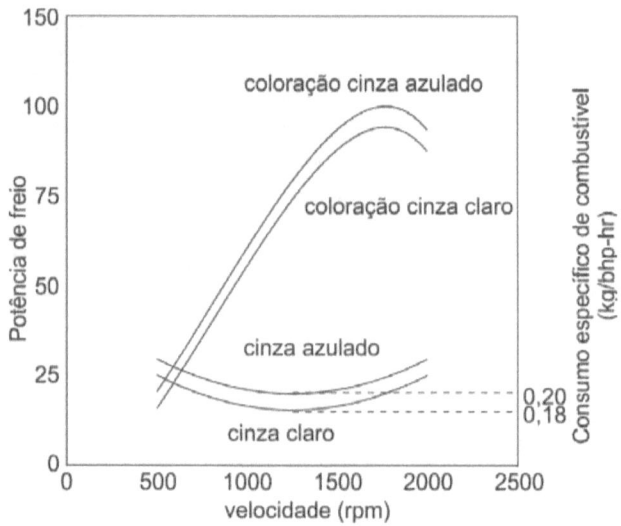

Figura 7.5. Curvas de motor Diesel com diferentes níveis de fumaça.

7.9.3. Teste de motor a rotação constante

Os motores de ignição por faísca e de ignição por compressão podem ser também submetidos a teste com rotação constante. Este ensaio é realizado com variação de carga, desde vazio até plena carga, em etapas adequadas de carga de modo a se obter curvas contínuas. No caso de motor a gasolina, partindo da condição de carga zero, a borboleta do acelerador é aberta para se obter a rotação desejada efetuando-se as medidas desejadas conforme descrito anteriormente. Depois de completada esta corrida, aumenta-se a carga sobre o motor e a borboleta recebe uma abertura maior de modo a manter constante a mesma rotação, repetindo-se as observações. À última corrida é efetuada com borboleta totalmente abertas. Para um motor Diesel o procedimento é o mesmo com a variação da carga sendo conferida pela posição da bomba injetora.

Este teste pode ser realizado para diferentes rotações do motor, a Figura 7.6 mostra as curvas de consumo específico de combustível, em função da potência para ensaio a rotação constante de um motor de ignição por faísca.

TERMODINÂMICA APLICADA

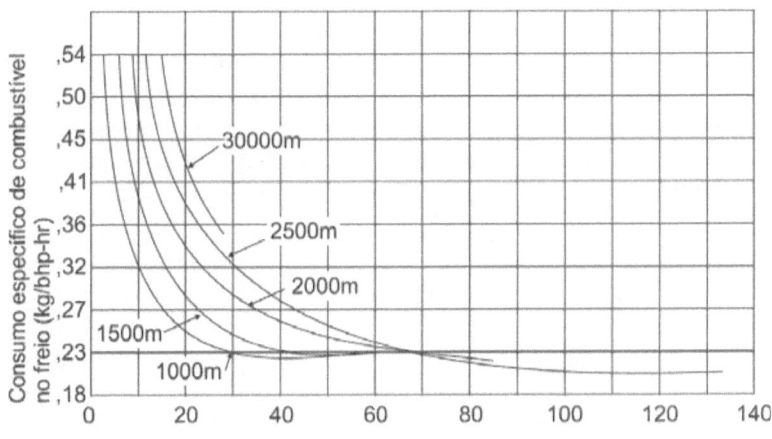

Figura 7.6. Ensaio do motor de ignição por faísca com carga variável e velocidade constante.

7.9.3.1. Mapas de desempenho

O desempenho do motor sob todas as condições de carga e rotação é mostrada num mapa de desempenho tal como o ilustrado na Figura 7.7. Para comparar motores de diferentes tamanhos o mapa de desempenho pode ser generalizado pela conversão da rotação em velocidade média do pistão e de potência em potência específica.

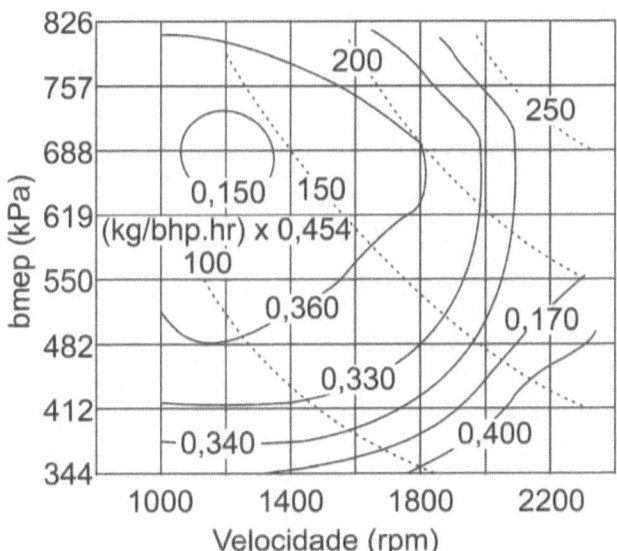

Figura 7.7. Mapa de desempenho de um motor Diesel.

7.10. Especificação de Motores

Os resultados dos testes de plena carga de um motor são utilizados pelo engenheiro para especificar o motor para uso comercial. É da maior importância para o usuário que o motor trabalhe em condições econômicas e seguras. Assim, é de interesse que o motor não seja especificado muito rigidamente, isto é, deve existir uma certa margem entre a condição especificada para operação do motor e o limite de funcionamento seguro. Esta margem depende do serviço a que se destina o motor.

Para motores de tratores a especificação nominal é de aproximadamente 60 % do máximo desempenho. Isto significa que o fabricante garante que o motor desenvolve 60 % da potência máxima por um tempo ilimitado. Para impedir o comprador de abusar do motor um limitador ou regulador pode ser instalado, ou, então pequenas válvulas de admissão que limitam à massa de ar ou de mistura introduzidas no motor, podem satisfazer este objetivo. Antes de especificar o motor, o fabricante faz testes de resistência e durabilidade. Por exemplo, admite-se que o motor de um trator desenvolverá 100 bhp a 1.600 rpm. Então o fabricante poderia fazê-lo trabalhar continuamente a 60 bhp e 1.600 rpm, deslizando o motor apenas para troca de óleo e para pequenos ajustes; mantendo um registro do consumo de combustível e óleo lubrificante e da vida durante o teste, o fabricante terá uma boa indicação de quanto o motor suportará em condições operacionais equivalentes.

Os motores para uso veicular não se destinam a operar continuamente na máxima potência, embora o desempenho máximo seja utilizado para promoção. Neste caso não é necessário estabelecer uma margem de segurança para a especificação do motor. É claro, no entanto, que se o motor for colocado para funcionar em máxima potência por qualquer período, haverá uma redução significativa na vida do motor.

8 SISTEMAS DE PROPULSÃO DO VEÍCULO
Emprego de Combustíveis Alternativos

8.1. Introdução

Os motores de combustão interna a pistão, que possuem um domínio absoluto em aplicações, veiculares, foram desenvolvidos ao longo de meio século para utilização de combustíveis derivados do petróleo. Assim é que o motor de ciclo Otto (ignição por faísca) é conhecido como motor a gasolina e de ignição por compressão é conhecido como motor Diesel. Atualmente, no entanto, com o aumento violento no preço do petróleo e com a redução de suas reservas, torna-se necessário investigar o emprego de outros combustíveis. Uma série de pesquisas tem sido realizadas no país e no exterior sobre fontes alternativas que possam se constituir em opções energéticas, sobretudo para os meios de transporte.

Entre as alternativas mais pesquisadas encontram-se os álcoois - etanol e metanol - para substituição do óleo diesel. Também tem sido investigado o uso de álcool em motores de ignição por compressão, bem utilização; de carvão, aparecendo como uma das opções o gás de gasogênio. Em termos brasileiros, aparentemente, os álcoois, sobretudo etanol, e os óleos vegetais surgem como opções mais atraentes.

A avaliação da aplicabilidade de um combustível aos motores existentes tem sido feita através de realização de ensaios em dinamômetro ou mesmo na operação de veículos. É possível, porém, efetuar uma previsão do comportamento de um dado combustível nos motores existentes pelo exame de suas propriedades físicas e químicas.

8.2. Previsão do comportamento

O exame das propriedades de um combustível índica, em primeiro lugar, a sua adequabilidade a um determinado tipo de motor. Por outro lado, uma análise simplificada do ciclo do motor permite prever as variações em potência e consumo de um motor quando se substitui o combustível tradicional por um alternativo. É possível, ainda, prever que modificações serão necessárias no motor ou em seus sistemas para emprego desse combustível.

8.2.1. Alternativas adequadas

A Tabela 8.1 apresenta uma lista de propriedades, consideradas importantes para aplicação em motores, de alguns combustíveis alternativos bem como do óleo diesel e da gasolina. Para aplicação em motores de ignição por faísca uma propriedade importante é o índice de octana que mede a característica antidetonante do combustível. Para aplicação em motores de ignição por compressão, por outro lado, propriedade importante é o índice de cetano que está relacionado com as características de combustão nestes motores.

Pelo exame da Tabela 8.1 percebe-se que os álcoois (etanol e metanol) são bastante adequados para substituição da gasolina. Eles possuem melhores características antidetonantes com um índice de octona mais elevado que o da gasolina. Isto implica em menor risco de detonação em um dado motor ou a possibilidade de utilizar motores de maior razão de compressão com o mesmo risco de detonação. Verifica-se, também, na Tabela 8.1 que os álcoois possuem um índice de cetano muito baixo, de modo que o seu emprego, em estado puro, nos motores Diesel convencionais, é inadequado.

Pode-se concluir pela mesma tabela que os óleos vegetais são, potencialmente bons combustíveis para motores de ignição por compressão pois apresentam índice de cetano numa faixa próxima a do óleo diesel. Os óleos vegetais não são apropriados para motores de ciclo Otto pois possuem curvas de destilação numa faixa elevada de temperatura. Assim, não é possível ocorrer vaporização destes óleos e formação de mistura homogênea com o ar nos sistemas usuais de carburação.

8.2.2. Variação de potência

Uma análise simplificada de ciclos motores permite avaliar variações em parâmetros de desempenho de motores quando se utilizam combustíveis alternativos. Assim, através da reação de combustão em propriedades estequiométricas, é possível determinar a relação combustível-ar, em massa, para cada um dos combustíveis alternativos. Na Tabela 8.1 estão listados os valores da relação combustível-ar.

TERMODINÂMICA APLICADA

Tabela 8.1. Propriedades importantes para uso de alguns combustíveis alternativos.

	Dens. (kg/m³)	Visc. Cinem. (cSt)	PCI (kcal/kg)	Ponto de Névoa (°C)	Calor latente de ventilação (kcal/kg)	Índice octana	Índice cetano	Razão combustível-ar Estequiométrica
Gasolina (isoctana)	0,7272	0,396	10.709	Não definido	93,34	92-100 (RON) 84-92 (MON)	18	0,0664
Etanol	0,794	1,52	6622 (anidro)	Não definido	204,26	106 (RON) 89-100 (MON)	0-5	0,1117
Metanol	0,792	0,75	5039	Não definido	284,29	106 (RON) 88-92 (MON)	Não definido	0,1554
Óleo diesel	0,856	3,6	10.258	0	86,12	0-40	40-68	0,0669
Óleo de babaçu	0,921	30,3	8235	26,0	-	-	38	0,0835
Óleo de algodão (clarificado)	0,919	36,8	8342	9,0	-	-	40	0,0807
Óleo de mamona	0,959	297,5	8342	-	-	-	-	0,087
Óleo de amendoim	0,911	41,2	8844	19,0	-	-	41	0,082
Óleo de dendê	0,915	39,6	9104	-	-	-	42	0,0805
Óleo de soja	0,922	36,8	8812	13,0	-	-	36	0,0809
Óleo de marmeleiro	0,893	40,6	-	-	-	-	25	0,0729

Sabe-se, por outro lado, que a potência útil produzida por um motor pode ser expressa por:

$$bhp = km_{ar} F Q_p \eta_t \eta_m \qquad (8.1)$$

Quando se emprega diferentes combustíveis num mesmo motor a potência, bem como o consumo específico de combustível, sofrem variações. Mantendo-se a mesma taxa de compressão, a mesma rotação e utilizando-se misturas estequiométricas, estas variações podem ser determinadas admitindo-se, ainda, que para os diversos combustíveis a capacidade em ar e as eficiências térmica e mecânica permanecem constantes.

Com relação a estas hipóteses, a única passível de discussão é a de eficiência térmica constante quando se substitui o combustível original por um alternativo. Considerando o ciclo combustível-ar ideal. A hipótese é perfeitamente válida. Para o ciclo real ela é bem razoável, pois os desvios entre os ciclos real e ideal não serão afetados significativamente pela substituição do combustível.

De fato, essa mudança só terá influência sobre o processo de combustão – velocidade da frente de chama para motores de ignição por faísca, atraso de ignição e duração do processo para motores diesel. No caso dos álcoois a velocidade da frente de chama é mais alta que a da gasolina para misturas combustível-ar homogêneas. Porém, como há maior dificuldade de formação de misturas homogêneas quando se usa etanol ou metanol, devido a seu calor de vaporização consideravelmente mais alto que a gasolina, não é de se esperar alteração significativa no processo de combustão. No caso dos óleos vegetais como o índice de cetano é bem próximo ao do óleo diesel pode-se esperar processos de combustão semelhantes.

Com as considerações acima pode-se relacionar a potência obtida de um motor operando com combustível alternativo com aquela obtida com o combustível tradicional através de:

$$\frac{(\text{Potência})_{CA}}{(\text{Potência})_{CT}} = \frac{(FQ_p)_{CA}}{(FQ_p)_{CT}} \qquad (8.2)$$

onde os índices **CA** e **CT** representam, respectivamente, combustíveis alternativo e tradicional.

Desta forma, conhecendo-se o poder calorífico e a razão combustível-ar estequiométrica, no caso dos diversos combustíveis pode-se determinar a relação entre as potências. A Tabela 8.2 mostra os valores determinados para essa relação. É interessante observar que o emprego de álcoois e óleos vegetais não acarretará variação sensível da potência do motor se for utilizada mistura estequiométrica. Isto ocorre porque, apesar de possuir poder calorífico menor, cada um desses combustíveis apresentam uma maior razão combustível-ar, em massa.

8.2.3. Variação de consumo
A variação do consumo de combustível e do consumo específico podem ser determinadas, também, de acordo com as hipóteses do item anterior. Assim, a relação entre o consumo, em massa, de dois combustíveis é expressa por:

$$\frac{(\text{Consumo})_{CA}}{(\text{Consumo})_{CT}} = \frac{(F)_{CA}}{(F)_{CT}} \qquad (8.3)$$

Portanto, o consumo de um combustível será tanto maior quanto for o valor da razão combustível-ar (estequiométrica). A Tabela 8.2 mostra a variação de consumo quando se substitui o combustível tradicional por um alternativo.

A variação do consumo específico é calculada em função da razão entre consumo e potência para cada um dos combustíveis.

$$\frac{(\text{Consumo Específico})_{CA}}{(\text{Consumo Específico})_{CT}} = \frac{(\text{Consumo}/\text{Potência})_{CA}}{(\text{Consumo}/\text{Potência})_{CT}} \qquad (8.4)$$

A Tabela 8.2 também inclui os valores da relação acima para todos os combustíveis alternativos. Pode-se perceber que a variação do consumo específico é maior que a variação de potência do motor. Isto é bastante compreensível pois, de acordo com as hipóteses feitas, o consumo específico é inversamente proporcional ao poder calorífico do combustível. De fato, de (7.37), (8.1) e (8.2) vem:

$$\frac{(\text{Consumo Específico})_{CA}}{(\text{Consumo Específico})_{CT}} = \frac{(Q_P)_{CA}}{(Q_P)_{CT}} \qquad (8.5)$$

Algumas observações precisam ser feitas quando a previsão da variação de consumo. Os valores para etanol e metanol se referem aos combustíveis anidros. Para os álcoois hidratados há um decréscimo no poder calorífico e, em consequência, aumento do consumo de combustível. É importante ressaltar que para os álcoois a hipótese de eficiência térmica constante não tem correspondência prática uma vez que motores para operar com estes combustíveis possuem maior razão de compressão (permitida por um índice de octana mais elevado). Sabe-se, pelos resultados da análise dos ciclos motores que a eficiência térmica cresce quando se aumenta a razão de compressão.

8.2.4. Adaptações nos Motores

Algumas modificações nos projetos dos motores atuais podem ser previstas pela análise das propriedades físicas e químicas dos combustíveis alternativos, bem como da variação dos parâmetros de desempenho.

Em todos os casos há necessidade de um redimensionamento do sistema de alimentação (carburador nos motores de ignição por faísca e bombas injetoras e bicos injetores em motores Diesel), uma vez que a razão combustível-ar estequiométrica para os combustíveis alternativos é sensivelmente maior que para gasolina e óleo diesel. Convém mencionar que nem sempre os motores, em especial os motores Diesel, trabalham com razão estequiométrica usando, geralmente, misturas mais pobres. Para empregos dos combustíveis alternativos pode-se admitir que as mesmas razões combustível-ar relativas sejam usadas, o que mantem as conclusões apresentadas.

No caso dos álcoois que apresentem calor-latente de vaporização bem mais alto que o da gasolina será necessário fornecer calor ao combustível no coletor de admissão para atingir uma mesma porcentagem de combustível vaporizado. Esta exigência é especialmente importante nas condições de partida.

Com relação ao processo de combustão, como a velocidade de propagação da chama é maior para a queima de etanol e metanol do que para a gasolina, os avanços de ignição do motor deverão ser menores.

No caso dos óleos vegetais, como sua viscosidade é cerca de 10 vezes maior que a do óleo diesel (com exceção do óleo de mamona cuja viscosidade é 100 vezes maior) e seu ponto de névoa está situado na faixa de temperatura ambiente, pode-se prever a dificuldade no sistema de injeção. Deve ser feita uma adequação desse sistema para operar com estes combustíveis. Pode-se antecipar a necessidade de efetuar aquecimento do óleo vegetal, ou sua diluição, ou então, projetar bicos e passagens maiores, embora esta última medida possa prejudicar o processo de injeção na câmara.

Tabela 8.2. Valores da relação CA/CT todos os combustíveis alternativos.

	$\dfrac{\text{Potência } C_A}{\text{Potência } C_T}$	$\dfrac{\text{Consumo } C_A}{\text{Consumo } C_T}$	$\dfrac{\text{Consumo específico } C_A}{\text{Consumo específico } C_T}$
Etanol [1]	1,078	1,670	1,549
Metanos [1]	1,101	2,340	2,147
Óleo de Babaçu [2]	1,023	1,248	1,220
Óleo de Algodão [2]	0,977	1,207	1,235
Óleo de Mamona [2]	1,038	1,282	1,235
Óleo de Amendoim [2]	1,030	1,199	1,164
Óleo de Dendê [2]	1,064	1,203	1,131
Óleo de Soja [2]	1,034	1,209	1,169
Óleo de Marmelo [2]	1,010	1,090	1,079

[1] Comparado com gasolina
[2] Comparado com óleo diesel

Como o índice de Conradson para os óleos vegetais é superior ao do óleo Diesel, é necessário um estudo sobre aditivos apropriados aos óleos vegetais que inibam a formação de resíduos de carbono na câmara de combustão.

Como já foi mencionado, os álcoois em estado puro, não são adequados para operação nos motores Diesel atuais, pois o seu índice de cetano é muito baixo. Apesar disto pode-se pensar no emprego de álcoois nestes motores desde que se façam modificações no motor ou se adapte ao combustível. Em ambos os casos o que se pretende é garantir o início da combustão no instante adequado. No primeiro caso pode-se pensar no emprego de um sistema duplo de alimentação com um combustível piloto ou a introdução de um ponto quente na câmara de combustão. Na outra linha estaria a introdução de aditivos que aumentam o índice de cetano dos álcoois.

8.3. Resultados de Testes

Diversas pesquisas têm sido realizadas sobre emprego de combustíveis alternativos em motores de combustão interna. No Brasil especialmente, tem se investigado o uso do etanol, principalmente em motores de ignição por faísca, mas também em motores Diesel. Embora nem sempre tenha havido um delineamento preciso dos testes, os resultados obtidos são de uma forma geral satisfatórios, indicando ser possível a substituição dos derivados de petróleo por combustíveis alternativos.

Os resultados das pesquisas precisam ser examinados com cuidado. Para uma comparação mais criteriosa com combustíveis tradicionais é necessário um período mais longo de testes. Não se pode esquecer que os motores existentes foram desenvolvidos ao longo de mais de meio século para queimar derivados de petróleo. É necessário um certo trabalho de pesquisa e desenvolvimento para se conseguir um motor ideal para um dado combustível. Também em termos de aditivos, é necessário investigar aditivos apropriados para corrigir certas características dos combustíveis alternativos. De qualquer forma, os testes já realizados tiveram o mérito de mostrar a potencialidade destes combustíveis.

Os testes realizados com etanol e metanol confirmaram as previsões de que os álcoois são bons substitutos para a gasolina em motores de ciclo Otto. Os testes com esses combustíveis mostraram um bom desempenho do motor que, em alguns casos, apresentou eficiência térmica maior que a obtida com gasolina. Este aumento da eficiência térmica se deve, não só ao aumento da taxa de compressão do motor, mas também a maior rapidez de combustão devida a velocidade mais alta de propagação da chama.

As modificações efetuadas nos motores testados e considerados convenientes, incluíram além da elevação da razão de compressão, adaptação do sistema de ignição (com modificação da curva de avanço e emprego de velas mais frias) e alteração no sistema de alimentação (aquecimento da mistura ar-combustível e, para partida a frio, injeção de gasolina).

Não foram efetuados ainda, testes significativos de durabilidade com motores para avaliar possível aumento da razão de desgaste motivada pelo emprego de álcoois. Entretanto, para evitar desgaste causado pelas características corrosivas dos álcoois hidratados tem sido feita uma adequação de materiais.

Embora os álcoois não constituam a opção mais favorável para substituição de óleo diese, eles também têm sido testados em motores de ignição por compressão. Os resultados obtidos são razoáveis embora inferiores àqueles conseguidos com óleos vegetais. A alternativa mais testada para queima de álcoois em motores Diesel.

E o do emprego de um aditivo (acelerador de combustão). Este aditivo, no entanto, é de custo muito elevado e é misturado em proporções significativas (cerca de 12 %). Neste caso, como os álcoois não possuem propriedades lubrificantes, adiciona-se à mistura um óleo vegetal. Outra alternativa investigada foi o emprego de sistema duplo de alimentação álcool e óleo diesel (ou mesmo um óleo vegetal). Este sistema de dupla alimentação, onde o óleo funcionaria como combustível piloto, tem sido usado tanto com injeção como carburação do álcool. Mais recentemente foram iniciados testes com motores diesel equipados com um ponto quente na câmara de combustão. Neste caso, é adicionado ao álcool, um óleo vegetal em pequena quantidade.

Os testes realizados com óleos vegetais mostraram um bom desempenho do motor, com funcionamento menos ruidoso, sendo que em alguns casos houve até um aumento na eficiência térmica. Na maioria dos testes não houve modificação no motor, salvo ligeiras adaptações no sistema de injeção, além de um pré-aquecimento do óleo para redução da viscosidade. Entre os óleos ensaiados, apenas dois apresentaram problemas mais sérios, quando empregados puros, o de mamona devido a alta viscosidade e o de babaçu devido ao alto ponto de névoa. Estes obstáculos, no entanto, podem ser resolvidos por meio de um aquecimento adequado do óleo.

É importante ressaltar que, com uma otimização do sistema de injeção para emprego de óleos vegetais, pode-se esperar um melhor desempenho do motor.

Os testes revelaram a formação de resíduos de carbono na câmara de combustão e no sistema de injeção, confirmando a necessidade de se desenvolver aditivos para a redução do índice Conradson dos óleos vegetais.

Também foram realizados ensaios com misturas óleo vegetal-óleo diesel. Os resultados desses testes mostraram um bom desempenho do motor. Isto significa que, em uma fase de transição, pode-se recorrer ao uso destas misturas para reduzir o consumo de óleo Diesel.

TERMODINÂMICA APLICADA

BIBLIOGRAFIA

Alison, N. L. "Fluid Transmission of Power." *SAE Transactions* 36/49 (1941): 1-9.

Avallone, Eugene A., Theodore Baumeister, and Ali Sadegh. *Marks' Standard Handbook for Mechanical Engineers.* 11th ed. New York; London: MacGraw-Hill, 2006.

Beatenbough, P. K. "Engine Cooling Systems for Motor Trucks." *SAE Transactions* 76 (1968): 205-35. SECTION 1: Papers 670006–670125.

Çengel, Yunus A., and Michael A. Boules. *Thermodynamics: An Engineering Approach.* 8th ed. New York, NY: McGraw-Hill Science/Engineering/Math, 2014. ISBN: 978-0073398174.

Cubberly, William H., and Ramon Bakerjian. *Tool and Manufacturing Engineers Handbook: Desk Edition, from the Complete Five-volume Fourth Edition.* Dearborn: Society of Manufacturing Engineers, 1989.

Duffy, James E. *Modern Automotive Technology: Workbook.* Tinley Park, IL: Goodheart-Willcox Company, 2017.

Gillespie, Thomas D. *Fundamentals of Vehicle Dynamics.* Warrendale, PA: Society of Automotive Engineers, 1994.

Happian-Smith, Julian. *An Introduction to Modern Vehicle Design.* New Delhi: Elsevier, 2013.

Hillier, Victor Albert Wagner, and Peter Coombes. *Fundamentals of Motor Vehicle Technology.* 5th ed. Cheltenham: Nelson Thornes, 2004.

Hryniszak, Waldemar, and M. A. Jacobson. *The Gas Turbine Power Pack for Automotive Propulsion: A Review of Alternative Solutions.* New York, NY: Society of Automotive Engineers, 1966.

Kusko, Alexander, and Lee T. Magnuson. *Vehicle Electric Drive Systems.* Technical paper no. 660761. Warrendale, PA: Society of Automotive Engineers, 1966.

Lundstrom, R. R. "Fundamentals of Vehicle Design." Lecture, Ford Motor Co., 1972.

Mello-Junior, Antonio Gonçalves de. *Acionamento de Máquinas de Fluxo por Motores de Combustão Interna a Gás Natural.* Tese de Doutorado, São Paulo / Universidade De São Paulo, 2006.

Newton, K., W. Steeds, and T. K. Garrett. *The Motor Vehicle: A Textbook for Students, Draughtsmen and Owner-drivers.* London: Iliffe Books, 1972.

Obert, E. *Internal Combustion Engines.* Scranton, PA: Internacional Textbook Company, 1968.

Olney, Ross R., and Steven Lindblom. *The Internal Combustion Engine.* New York, NY: J.B. Lippincott, 1982.

Pereira, António de Sousa. "Turbinas a Gás em Automóveis." Absolute Motors. September 04, 2014. Accessed August 19, 2018.

http://www.absolute-motors.com/2014/09/04/turbinas-gas-em-automoveis/.

Pereira, Bruno Prestes, Guilherme Campoy, Kaio Max, and Luiz Felipe D'Oliveira Pinto. "Autonomia De Motores De Combustão Interna E Contexto Histórico E Político." Reading, Introdução à Engenharia E Metodologia Científica, FEG-UNESP, Guaratinguetá, 2010.

Rogowski, A. R. *Elements of Internal-combustion Engines*. New York, NY: McGraw-Hill, 1953.

Roven, W. G., and A. E. Petaja. *Design Guide - Engine Mounts*. Ford Motor Company, 1967.

Shigley, Joseph E., Richard G. Budynas, and Charles R. Mischke. *Mechanical Engineering Design*. 7th ed. Boston, MA: McGraw-Hill Higher Education, 2004.

Society of Automotive Engineers. *Engineering Know-How in Engine Design - Part 80*. Warrendale, PA: Society of Automotive Engineers, 1970. SP-359.

Stone, Richard, and Jeffrey K. Ball. *Automotive Engineering Fundamentals*. Warrendale, PA: SAE International, 2004.

Taylor, Charles Fayette. *Análise dos Motores de Combustão Interna*. São Paulo, SP: E. Blucher, 1971.

Taylor, Charles Fayette. *The Internal-combustion Engine in Theory and Practice*. Cambridge, MA: M.I.T. Press, 2005.

Varella, Carlos Alberto Alves. "Estimativa da Potência dos Motores de Combustão Interna." Notas de Aula, IT154 - Motores e Tratores, Universidade Federal Rural do Rio de Janeiro – UFRRJ, Seropédica, RJ, April 27, 2010.

Wagner Júnior, Roger Luiz. *Avaliação das Emissões e do Desempenho do Motor de um Veículo Utilizando Biometano, Gás Natural Veicular, Etanol e Gasolina como Combustível Veicular*. Monografia, Centro Univeristário Univates, 2014. Lajeado, RS, 2014.

Catálogos dos seguintes fabricantes: Scania, Volvo, Voith, ZF, Mercedes-Benz, Clark, British Leyland e Allison.

Sites Acessados

http://airclopes.blogspot.com.br/2010/07/motor-wankel.html
http://docplayer.com.br/
http://www.ebah.com.br/
https://abekwar.wordpress.com/
http://oautomovel.blogspot.com.br/
http://www.lenafembreagens.com.br/
http://www.noticiasautomotivas.com.br/
http://www.consultaauto.com.br/

https://www.itaro.com.br/
http://www.noticiasdaoficinavw.com.br/v2/
http://www.carroseacessorios.com.br/
http://passamarcha.blogspot.com.br/
https://www.adilsonautopecas.com.br/home.asp
http://www.jktransmissao.com.br/
https://gruposalome.wordpress.com/
http://blogdomoquenco.blogspot.com.br/
http://www.pozelli.ind.br/
http://www.pellegrino-dev.dreamhosters.com/
http://voith.com/en/index.html
http://www.free-ed.net/sweethaven/MechTech/Automotive01/AutomotiveSystems03_Files.asp?iNum=101
ttp://www.ebah.com.br/content/ABAAAAB5IAA/mec-aplic-cap1?part=7
http://www.meireleserv.com.br/site/produtos.asp
http://autopecasnaweb.blogspot.com.br/2010_10_01_archive.html
http://www.oficinaecia.com.br/bibliadocarro/biblia.asp?status=visualizar&cod=125
http://es.slideshare.net/carlosramirobermeoguallpa/el-motor-39154099

SOBRE OS AUTORES

Giorgio Eugenio Oscare Giacaglia é bacharel e licenciado em Física pela FFCL da Universidade de São Paulo (1958), graduado em Engenharia Metalúrgica pela Escola Politécnica da Universidade de São Paulo (1960) e doutor em Engenharia e doutor em Ciências Físicas e Matemáticas pela Escola Politécnica da Universidade de São Paulo (1966, 1967). É professor aposentado do Departamento de Engenharia Mecânica da Escola Politécnica da USP. Professor Titular aposentado e atual.Professor Visitante do Departamento de Engenharia Mecânica da Universidade de Taubaté. Ex-Consultor da NASA e do *US Naval Weapons Laboratory*. Autor de 12 livros editados no Brasil, EUA, Holanda e Rússia e autor ou coautor de uma centena de artigos publicados em revistas técnicas e científicas.

Wendell de Queiróz Lamas possui graduação em Tecnologia em Técnicas Digitais, com ênfase em Sistemas Programáveis, pela Universidade Estácio de Sá (1991), mestrado em Engenharia Mecânica, área de Automação e Controle Industrial, com ênfase em Instrumentação e Processamento Distribuído, pela Universidade de Taubaté (2004) e doutorado em Engenharia Mecânica, área de Transmissão e Conversão de Energia, com ênfase em Racionalização e Otimização de Sistemas Térmicos e Hidráulicos, pela Universidade Estadual Paulista "Júlio de Mesquita Filho" (2007), como bolsista de Doutorado CNPq. Também possui pós-doutorado na cadeia produtiva do etanol, pela Universidade Estadual Paulista "Júlio de Mesquita Filho" (2012), como bolsista de Pós-doutorado CNPq. Atualmente, análise e otimização de sistemas alternativos de energia constituem sua principal linha de pesquisa, com destaque para gestão energética e ambiental na indústria; otimização de sistemas energéticos; eficiência energética (incluindo cogeração). Desde janeiro de 2018, orientador no Ph.D. *Program in Bioenergy*, da USP, UNICAMP e UNESP.

Caio Perez Giacaglia é acadêmio do curso de Engenharia Mecânica, da Universidade de Taubaté.

www.ingramcontent.com/pod-product-compliance
Lightning Source LLC
Chambersburg PA
CBHW031434210526
45464CB00005B/2203